职业教育·通用课程教材

线性代数

潘 蕊 王 洋 主 编
陈 奥 喻无瑕 霍旻旻 副主编

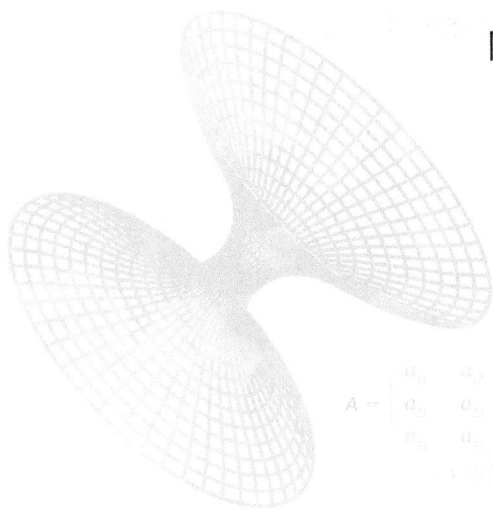

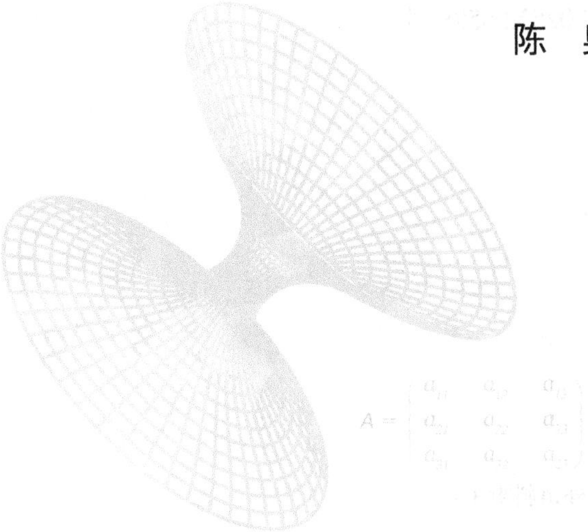

人民交通出版社
北 京

内 容 提 要

本教材为职业教育通用课程教材。其主要内容包括行列式、矩阵及其计算、向量组与基础解系、特征值与特征向量、MATLAB与线性代数。

本教材可作为高职院校、职业本科院校各专业的教材,也可供高职院校学生在专升本自学时参考。

***本教材配套数字资源,任课教师可通过加入"职教公共基础课教学研讨群"(QQ群:985149463)获取。**

图书在版编目(CIP)数据

线性代数/潘蕊,王洋主编. —北京:人民交通出版社股份有限公司,2025.7. —ISBN 978-7-114-20492-0

Ⅰ. O151.2

中国国家版本馆CIP数据核字第2025XL6588号

Xianxing Daishu

书　　名: 线性代数
著 作 者: 潘　蕊　王　洋
责任编辑: 李佳蔚
责任校对: 龙　雪
责任印制: 张　凯
出版发行: 人民交通出版社
地　　址: (100011)北京市朝阳区安定门外外馆斜街3号
网　　址: http://www.ccpcl.com.cn
销售电话: (010)85285911
总 经 销: 人民交通出版社发行部
经　　销: 各地新华书店
印　　刷: 北京科印技术咨询服务有限公司数码印刷分部
开　　本: 787×1092　1/16
印　　张: 6
字　　数: 101千
版　　次: 2025年7月　第1版
印　　次: 2025年7月　第1次印刷
书　　号: ISBN 978-7-114-20492-0
定　　价: 25.00元

前　言

线性代数是高等职业教育中一门重要的公共基础课程，也是现代数学的基础工具。学习线性代数不仅能培养抽象思维和逻辑推理能力，也能理解复杂系统的数学本质，从而有效处理工程计算、数据可视化等实际问题，提升技术应用能力，为学习后续专业课程奠定基础。同时，随着人工智能的高速发展，具备线性代数知识的技能型人才在就业市场中更具竞争力，能够适应技术迭代和跨领域协作的职业需求。因此，在职业教育中，只有将线性代数课程教学与专业对接、与时代接轨，才能提高人才培养质量。上述因素促成了本书的编写。

本书在编写时深入贯彻《高等学校课程思政建设指导纲要》《教育部关于全面深化课程改革落实立德树人根本任务的意见》，将课程思政、数学核心素养、数学观培育融入数学教学，同时坚持数学与专业知识融合，体现职教数学的教学特征。本书具有以下特点。

1. 彰显立德树人。秉持立德树人理念，借数学教学为学生塑造正确的价值观与道德观。以核心素养为指引，各章节创设跨学科情境，融合专业与数学知识，培养学生运用数学眼光、思维、语言的能力，提升其数学核心素养。

2. 倡导场景融入。引入大量生活、工作真实场景，让学生熟练掌握用数学语言解决专业问题的技能，无缝对接职场，筑牢职业发展根基。为高职数学教学提供高效、贴合时代需求的方案，培育高素质人才。

3. 适应分层学情。编写过程中考虑高职及职业本科两类学情，进行了部分结构调整，方便针对不同学情进行知识内容调整。

本书由四川交通职业技术学院潘蕊、王洋担任主编，四川交通职业技术学院陈奥、喻无瑕、霍旻旻担任副主编，参编人员有四川交通职业技术学院薛菲、方卫东、高敏静。本书共有五章，潘蕊负责编写 1 ~ 5 章；陈奥负责编写 1 ~ 5 章习题；喻无瑕、薛菲、霍旻旻、方卫东、高敏静负责内容校对。潘蕊、王洋对全书进行统稿。

由于编者水平有限，书中难免有疏漏和错误之处，恳请广大读者提出宝贵建议，以便进一步修改和完善。

编　者

2025 年 3 月

数字资源索引

资源使用说明：

1. 扫描封面二维码，注意每个码只可激活一次；

2. 长按弹出界面的二维码关注“交通教育出版”微信公众号并自动绑定资源；

3. 公众号弹出“购买成功”通知，点击“查看详情”，进入后即可查看资源；

4. 也可进入“交通教育出版”微信公众号，点击下方菜单“用户服务—图书增值”，选择已绑定的教材进行观看。

重难点视频资源、微课在教材中的融入

序号	资源名称	页码
1	二阶与三阶行列式	3
2	矩阵的概念和类型	18
3	矩阵乘法运算	23
4	逆矩阵与伴随矩阵的概念	29
5	k 阶子式的概念	34
6	解线性方程组	40
7	向量组的线性相关性	49
8	齐次线性方程组解的结构	51
9	非齐次线性方程组解的结构	52
10	特征值与特征向量的概念与计算	58
11	矩阵的对角化	62

目 录

第一章　行　列　式

行列式是线性代数中的基本运算，是学习矩阵的基础，其被广泛运用在解线性方程组中。本章将学习行列式的概念、性质与计算，以及利用行列式解线性方程组的方法。

第一节　二阶与三阶行列式

行列式的概念最早出现在解线性方程组的过程中。下面利用加减消元法来解二元线性方程组，并发现解的结构秘密：

$$\begin{cases} a_{11}x_1 + a_{12}x_2 = b_1 & ① \\ a_{21}x_1 + a_{22}x_2 = b_2 & ② \end{cases} \tag{1-1}$$

利用 $a_{22} \times ① - a_{12} \times ②$ 得

$$(a_{11}a_{22} - a_{12}a_{21})x_1 = b_1a_{22} - b_2a_{12}$$

利用 $a_{11} \times ② - a_{21} \times ①$ 得

$$(a_{11}a_{22} - a_{12}a_{21})x_2 = b_2a_{11} - b_1a_{21}$$

若 $a_{11}a_{22} - a_{12}a_{21} \neq 0$，则方程组的唯一解为

$$\begin{cases} x_1 = \dfrac{b_1a_{22} - b_2a_{12}}{a_{11}a_{22} - a_{12}a_{21}} \\ x_2 = \dfrac{b_2a_{11} - b_1a_{21}}{a_{11}a_{22} - a_{12}a_{21}} \end{cases} \tag{1-2}$$

观察解的结构特征可发现，方程组的解仅与方程组中未知数的系数和常数项有关，且其分子分母具备相同的运算结构特征。

以式(1-2)中两个未知数的分母为例，a_{ij} 为原二元线性方程组中相对位置的系数，其中 i 为其所在的行，j 为其所在的列。将这四个系数按照相对位置不变，排成一个 2 行 2 列的特殊结构记号来表达代数式 $a_{11}a_{22} - a_{12}a_{21}$，就有了行列式的定义。

定义 1-1　把四个元素按照顺序排成如下 2 行 2 列的特殊结构记号来表达代数式 $a_{11}a_{22} - a_{12}a_{21}$，将这个特殊结构记号称为**二阶行列式**：

$$D=\begin{vmatrix}a_{11} & a_{12}\\ a_{21} & a_{22}\end{vmatrix}=a_{11}a_{22}-a_{12}a_{21}$$

其中：a_{ij} 称为行列式的元素，横排称为行，竖排称为列，i 为其所在的行，j 为其所在的列；从左上角到右下角的对角线称为主对角线，从右上角到左下角的对角线称为副对角线。

因此二阶行列式所表达的代数式可以简单记忆为“主对角线元素乘积－副对角线元素乘积”。例如，式(1-2)中 x_1 的分子可以表达成 $D_1=\begin{vmatrix}b_1 & a_{12}\\ b_2 & a_{22}\end{vmatrix}$，$x_2$ 的分子可以表达成 $D_2=\begin{vmatrix}a_{11} & b_1\\ a_{21} & b_2\end{vmatrix}$，因此若 $D\neq 0$，则式(1-2)还可以表达成

$$\begin{cases}x_1=\dfrac{D_1}{D}\\ x_2=\dfrac{D_2}{D}\end{cases}\tag{1-3}$$

值得注意的是，分母是方程组(1-1)中未知数的系数按照相对位置不变所构成的行列式，将其称为该方程组的**系数行列式**。

例 1-1 计算下列行列式。

(1) $\begin{vmatrix}1 & 2\\ 3 & 4\end{vmatrix}$；　　(2) $\begin{vmatrix}\sin x & -\cos x\\ \cos x & \sin x\end{vmatrix}$。

解：(1) $\begin{vmatrix}1 & 2\\ 3 & 4\end{vmatrix}=1\times 4-3\times 2=-2$；

(2) $\begin{vmatrix}\sin x & -\cos x\\ \cos x & \sin x\end{vmatrix}=\sin^2x+\cos^2x=1$。

例 1-2 利用二元线性方程组解的结构与行列式的关系，求解：

$$\begin{cases}5x_1-3x_2=12\\ 2x_1+x_2=1\end{cases}$$

解：系数行列式 $D=\begin{vmatrix}5 & -3\\ 2 & 1\end{vmatrix}=5+6=11$，

$D_1=\begin{vmatrix}12 & -3\\ 1 & 1\end{vmatrix}=12+3=15$，$D_2=\begin{vmatrix}5 & 12\\ 2 & 1\end{vmatrix}=5-24=-19$，线性方程组的解为

$$\begin{cases}x_1=\dfrac{D_1}{D}=\dfrac{15}{11}\\ x_2=\dfrac{D_2}{D}=\dfrac{-19}{11}\end{cases}$$

若遇到三元线性方程组,系数行列式可以有类似的表达,下面引入三阶行列式。

定义 1-2　把 9 个元素按照顺序排成如下 3 行 3 列的特殊结构记号来表达一个含有 6 项的特殊代数式,将这个特殊结构记号称为**三阶行列式**:

二阶与三阶行列式

$$D=\begin{vmatrix} a_{11} & a_{12} & a_{13} \\ a_{21} & a_{22} & a_{23} \\ a_{31} & a_{32} & a_{33} \end{vmatrix}=a_{11}a_{22}a_{33}+a_{12}a_{23}a_{31}+a_{13}a_{21}a_{32}-a_{11}a_{23}a_{32}-a_{12}a_{21}a_{33}-a_{13}a_{22}a_{31}$$

其中:a_{ij} 称为行列式的元素,横排称为行,竖排称为列,i 为其所在的行,j 为其所在的列。

三阶行列式所表达的代数式中的每一项均为不同行、不同列的三个元素的乘积再冠以正负号求得。具体来说,规则如下:各主对角线(图 1-1、图 1-2 中的三条实线)元素乘积冠以正号,各副对角线(图 1-1、图 1-2 中的三条虚线)元素乘积冠以负号,上述六项的和即为三阶行列式的值。

三阶行列式可由沙路法则(图 1-1)和对角线法则(图 1-2)展开:

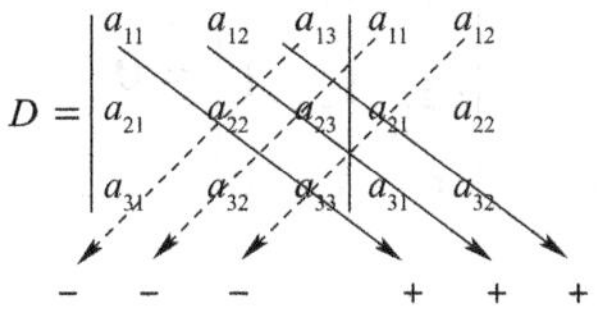

图 1-1　沙路法则

$$D=a_{11}a_{22}a_{33}+a_{12}a_{23}a_{31}+a_{13}a_{21}a_{32}-a_{11}a_{23}a_{32}-a_{12}a_{21}a_{33}-a_{13}a_{22}a_{31}$$

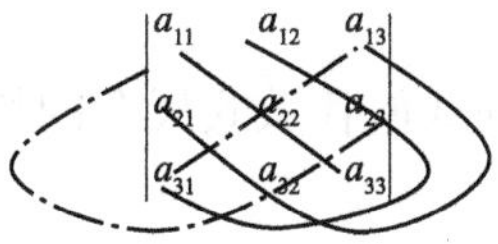

图 1-2　对角线法则

$$D=a_{11}a_{22}a_{33}+a_{12}a_{23}a_{31}+a_{13}a_{21}a_{32}-a_{11}a_{23}a_{32}-a_{12}a_{21}a_{33}-a_{13}a_{22}a_{31}$$

例 1-3　计算三阶行列式 $\begin{vmatrix} 1 & 1 & 0 \\ 4 & -5 & 3 \\ 0 & 1 & 2 \end{vmatrix}$ 的值。

解:

$$\begin{vmatrix} 1 & 1 & 0 \\ 4 & -5 & 3 \\ 0 & 1 & 2 \end{vmatrix}=1\times(-5)\times2+1\times3\times0+0\times1\times4-0\times(-5)\times0-1\times4\times2-1\times1\times3=-21$$

例 1-4 平面上有两点 $P(x_1,y_1)$，$Q(x_2,y_2)$，其中 $x_1 \neq x_2$，请表示出经过 P,Q 两点的直线方程，并验证其是否可写成 $\begin{vmatrix} x_1 & y_1 & 1 \\ x_2 & y_2 & 1 \\ x & y & 1 \end{vmatrix} = 0$ 的形式。

解：根据平面直线方程的两点式表示法，直线 PQ 的方程可表示为

$$\frac{y - y_1}{x - x_1} = \frac{y_2 - y_1}{x_2 - x_1}$$

$$(y - y_1)(x_2 - x_1) = (y_2 - y_1)(x - x_1)$$

展开因式并移项得

$$x_1y_2 + xy_1 + x_2y - xy_2 - x_2y_1 - x_1y = 0$$

方程 $\begin{vmatrix} x_1 & y_1 & 1 \\ x_2 & y_2 & 1 \\ x & y & 1 \end{vmatrix} = 0$ 可展开为

$$x_1y_2 + xy_1 + x_2y - xy_2 - x_2y_1 - x_1y = 0$$

于是，过两点 $P(x_1,y_1)$，$Q(x_2,y_2)$ 的直线方程可表示为

$$\begin{vmatrix} x_1 & y_1 & 1 \\ x_2 & y_2 & 1 \\ x & y & 1 \end{vmatrix} = 0$$

第二节　n 阶行列式的定义

接下来，观察三阶行列式的代数式展开的特点：

$$D = \begin{vmatrix} a_{11} & a_{12} & a_{13} \\ a_{21} & a_{22} & a_{23} \\ a_{31} & a_{32} & a_{33} \end{vmatrix} = a_{11}a_{22}a_{33} + a_{12}a_{23}a_{31} + a_{13}a_{21}a_{32} - a_{11}a_{23}a_{32} - a_{12}a_{21}a_{33} - a_{13}a_{22}a_{31} \tag{1-4}$$

进行移项合并，得

$$D = a_{11}(a_{22}a_{33} - a_{23}a_{32}) + a_{12}(a_{23}a_{31} - a_{21}a_{33}) + a_{13}(a_{21}a_{32} - a_{22}a_{31})$$

进一步观察括号内部分特征，均为某二阶行列式的代数式展开，即

$$D = a_{11} \times (-1)^{1+1}\begin{vmatrix} a_{22} & a_{23} \\ a_{32} & a_{33} \end{vmatrix} + a_{12} \times (-1)^{1+2}\begin{vmatrix} a_{21} & a_{23} \\ a_{31} & a_{33} \end{vmatrix} + a_{13} \times (-1)^{1+3}\begin{vmatrix} a_{21} & a_{22} \\ a_{31} & a_{32} \end{vmatrix}$$

三阶行列式通过上述变换整理,“降阶”为三个二阶行列式的“组合”,简记为

$$D = a_{11} \times (-1)^{1+1}M_{11} + a_{12} \times (-1)^{1+2}M_{12} + a_{13} \times (-1)^{1+3}M_{13} \quad (1\text{-}5)$$

其中：M_{11} 是原行列式中去掉元素 a_{11} 所在的行和列之后,剩余元素相对位置及顺序不变组成的二阶行列式,将其称为元素 a_{11} 的余子式;以此类推,M_{12} 为元素 a_{12} 的余子式,M_{13} 为元素 a_{13} 的余子式。

进一步发现,$(-1)^{1+1}M_{11}$ 为元素 a_{11} 的代数余子式,记为 A_{11}；以此类推,$(-1)^{1+2}M_{12}$ 为元素 a_{12} 的代数余子式,记为 A_{12},$(-1)^{1+3}M_{13}$ 为元素 a_{13} 的代数余子式,记为 A_{13}。因此,三阶行列式可以表示为

$$D = a_{11}A_{11} + a_{12}A_{12} + a_{13}A_{13} \quad (1\text{-}6)$$

即为第一行各元素与其代数余子式乘积的代数和。

若把式(1-6)定义为三阶行列式,则可以用类似的方法来定义更高阶的行列式。

定义 1-3　由 n^2 个元素组成 n 行 n 列的计算式

$D = \begin{vmatrix} a_{11} & a_{12} & \cdots & a_{1n} \\ a_{21} & a_{22} & \cdots & a_{2n} \\ \vdots & \vdots & & \vdots \\ a_{n1} & a_{n2} & \cdots & a_{nn} \end{vmatrix}$,称为 n **阶行列式**,简称**行列式**,可简记为 $\det(a_{ij})$。其中,a_{ij} 为第 i 行第 j 列的元素($i,j = 1,2,\cdots,n$)。

当 $n = 1$ 时,$D = |a_{11}| = a_{11}$;

当 $n \geqslant 2$ 时,$n-1$ 阶行列式已定义,则 n 阶行列式可按第一行展开：

$$D = a_{11}A_{11} + a_{12}A_{12} + \cdots + a_{1n}A_{1n} = \sum_{j=1}^{n} a_{1j}A_{1j} \quad (1\text{-}7)$$

其中：$A_{ij} = (-1)^{i+j}M_{ij}$,$M_{ij}$ 为原来 n 阶行列式中去掉元素 a_{ij} 所在的行和列之后剩余元素相对位置及顺序不变组成的 $n-1$ 阶行列式。M_{ij} 称为元素 a_{ij} 的余子式,A_{ij} 称为元素 a_{ij} 的代数余子式。元素 $a_{11},a_{22},\cdots,a_{nn}$ 所在的对角线称为行列式的主对角线,另一条对角线称为行列式的副对角线。

例 1-5　利用行列式的概念计算三阶行列式 $D = \begin{vmatrix} 1 & 1 & 0 \\ 3 & 2 & 1 \\ 2 & 3 & 4 \end{vmatrix}$。

解:将行列式按第一行展开：

$D = 1 \times (-1)^{1+1}\begin{vmatrix} 2 & 1 \\ 3 & 4 \end{vmatrix} + 1 \times (-1)^{1+2}\begin{vmatrix} 3 & 1 \\ 2 & 4 \end{vmatrix} +$

$$0\times(-1)^{1+3}\begin{vmatrix}3&2\\2&3\end{vmatrix}=-5$$

定义 1-4 主对角线下方元素全为零的行列式称为**上三角形行列式**：

$$D=\begin{vmatrix}a_{11}&a_{12}&\cdots&a_{1n}\\0&a_{22}&\cdots&a_{2n}\\\vdots&\vdots&&\vdots\\0&0&\cdots&a_{nn}\end{vmatrix}$$

主对角线上方元素全为零的行列式称为**下三角形行列式**：

$$D=\begin{vmatrix}a_{11}&0&\cdots&0\\a_{21}&a_{22}&\cdots&0\\\vdots&\vdots&&\vdots\\a_{n1}&a_{n2}&\cdots&a_{nn}\end{vmatrix}$$

除主对角线以外，其余元素全为零的行列式称为**对角行列式**：

$$D=\begin{vmatrix}a_{11}&0&\cdots&0\\0&a_{22}&\cdots&0\\\vdots&\vdots&&\vdots\\0&0&\cdots&a_{nn}\end{vmatrix}$$

根据行列式的概念，将上三角形行列式按第一列展开可知：

$$D=\begin{vmatrix}a_{11}&a_{12}&\cdots&a_{1n}\\0&a_{22}&\cdots&a_{2n}\\\vdots&\vdots&&\vdots\\0&0&\cdots&a_{nn}\end{vmatrix}=a_{11}a_{22}\cdots a_{nn}$$

同理发现，

$$D=\begin{vmatrix}a_{11}&0&\cdots&0\\a_{21}&a_{22}&\cdots&0\\\vdots&\vdots&&\vdots\\a_{n1}&a_{n2}&\cdots&a_{nn}\end{vmatrix}=\begin{vmatrix}a_{11}&0&\cdots&0\\0&a_{22}&\cdots&0\\\vdots&\vdots&&\vdots\\0&0&\cdots&a_{nn}\end{vmatrix}=a_{11}a_{22}\cdots a_{nn}。$$

例 1-6 副对角线上方元素均为零的行列式称为反下三角形行列式，计算四阶反下三角形行列式 $D=\begin{vmatrix}0&0&0&1\\0&0&2&2\\0&3&3&3\\4&4&4&4\end{vmatrix}$。

解:将行列式按第一行展开:

$$D=1\times(-1)^{1+4}\begin{vmatrix}0&0&2\\0&3&3\\4&4&4\end{vmatrix}=-(-1)^{1+3}\times 2\times\begin{vmatrix}0&3\\4&4\end{vmatrix}=24$$

第三节 行列式的性质与计算

从第二节可发现,上(下)三角形行列式和对角行列式的计算更简洁。本节将学习行列式的性质,来更快速地计算一般行列式的结果。

定义 1-5 把 n 阶行列式 $D=\begin{vmatrix}a_{11}&a_{12}&\cdots&a_{1n}\\a_{21}&a_{22}&\cdots&a_{2n}\\\vdots&\vdots&&\vdots\\a_{n1}&a_{n2}&\cdots&a_{nn}\end{vmatrix}$ 的行与列对调,得到新的行列式:

$$D^{\mathrm{T}}=\begin{vmatrix}a_{11}&a_{21}&\cdots&a_{n1}\\a_{12}&a_{22}&\cdots&a_{n2}\\\vdots&\vdots&&\vdots\\a_{1n}&a_{2n}&\cdots&a_{nn}\end{vmatrix}$$

称之为行列式 D 的转置行列式。显然, D 和 D^{T} 互为转置。

性质 1-1 行列式 D 与它的转置行列式 D^{T} 相等,即 $D=D^{\mathrm{T}}$。

由性质 1-1 可知,行列式的行和列应具备相同的性质。

性质 1-2 行列式的任意两行(或列)互换,行列式变号,即

$$\begin{vmatrix}a_{11}&a_{12}&\cdots&a_{1n}\\\vdots&\vdots&&\vdots\\a_{i1}&a_{i2}&\cdots&a_{in}\\\vdots&\vdots&&\vdots\\a_{j1}&a_{j2}&\cdots&a_{jn}\\\vdots&\vdots&&\vdots\\a_{n1}&a_{n2}&\cdots&a_{nn}\end{vmatrix}=-\begin{vmatrix}a_{11}&a_{12}&\cdots&a_{1n}\\\vdots&\vdots&&\vdots\\a_{j1}&a_{j2}&\cdots&a_{jn}\\\vdots&\vdots&&\vdots\\a_{i1}&a_{i2}&\cdots&a_{in}\\\vdots&\vdots&&\vdots\\a_{n1}&a_{n2}&\cdots&a_{nn}\end{vmatrix}$$

推论 1-1 行列式的某两行(列)相同,则行列式为零。

性质 1-3 行列式的某一行(或列)乘数 K,等于该行列式乘数 K,即

$$\begin{vmatrix} a_{11} & a_{12} & \cdots & a_{1n} \\ \vdots & \vdots & & \vdots \\ ka_{i1} & ka_{i2} & \cdots & ka_{in} \\ \vdots & \vdots & & \vdots \\ a_{n1} & a_{n2} & \cdots & a_{nn} \end{vmatrix} = k \begin{vmatrix} a_{11} & a_{12} & \cdots & a_{1n} \\ \vdots & \vdots & & \vdots \\ a_{i1} & a_{i2} & \cdots & a_{in} \\ \vdots & \vdots & & \vdots \\ a_{n1} & a_{n2} & \cdots & a_{nn} \end{vmatrix}$$

推论 1-2　行列式某两行(列)对应元素成比例,则行列式为零。

性质 1-4　如果行列式中两行(列)的元素都表达为两数之和,则行列式可展开为下列两个行列式之和:

$$D = \begin{vmatrix} a_{11} & a_{12} & \cdots & (a_{1i} + a'_{1i}) & \cdots & a_{1n} \\ a_{21} & a_{22} & \cdots & (a_{2i} + a'_{2i}) & \cdots & a_{2n} \\ \vdots & \vdots & & \vdots & & \vdots \\ a_{n1} & a_{n2} & \cdots & (a_{ni} + a'_{ni}) & \cdots & a_{nn} \end{vmatrix}$$

$$= \begin{vmatrix} a_{11} & a_{12} & \cdots & a_{1i} & \cdots & a_{1n} \\ a_{21} & a_{22} & \cdots & a_{2i} & \cdots & a_{2n} \\ \vdots & \vdots & & \vdots & & \vdots \\ a_{n1} & a_{n2} & \cdots & a_{ni} & \cdots & a_{nn} \end{vmatrix} + \begin{vmatrix} a_{11} & a_{12} & \cdots & a'_{1i} & \cdots & a_{1n} \\ a_{21} & a_{22} & \cdots & a'_{2i} & \cdots & a_{2n} \\ \vdots & \vdots & & \vdots & & \vdots \\ a_{n1} & a_{n2} & \cdots & a'_{ni} & \cdots & a_{nn} \end{vmatrix}$$

性质 1-5　将行列式某一行(列)的各元素乘同一数后加到另一行(列)对应元素上去,则行列式的值不变,即

$$\begin{vmatrix} a_{11} & a_{12} & \cdots & a_{1n} \\ \vdots & \vdots & & \vdots \\ a_{i1} & a_{i2} & \cdots & a_{in} \\ \vdots & \vdots & & \vdots \\ a_{j1} + ka_{i1} & a_{j2} + ka_{i2} & \cdots & a_{jn} + ka_{in} \\ \vdots & \vdots & & \vdots \\ a_{n1} & a_{n2} & \cdots & a_{nn} \end{vmatrix} = \begin{vmatrix} a_{11} & a_{12} & \cdots & a_{1n} \\ \vdots & \vdots & & \vdots \\ a_{i1} & a_{i2} & \cdots & a_{in} \\ \vdots & \vdots & & \vdots \\ a_{j1} & a_{j2} & \cdots & a_{jn} \\ \vdots & \vdots & & \vdots \\ a_{n1} & a_{n2} & \cdots & a_{nn} \end{vmatrix}$$

为方便后面的运算,下面统一规定行列式的上述性质对应的变换,其中 r_i 表示第 i 行, c_i 表示第 i 列:

交换行列式的两行(列)　　$r_i \leftrightarrow r_j (c_i \leftrightarrow c_j)$

行列式第 i 行(列)乘数 k　　$kr_i (kc_i)$

行列式第 i 行(列)乘数 k 加到第 j 行(列)　　$r_j + kr_i (c_j + kc_i)$

性质 1-6　行列式 D 等于它的任意一行(列)中所有元素与其对应代数余子式乘积之和,即

$$D = \sum_{j=1}^{n} a_{ij}A_{ij} \text{ 或 } D = \sum_{i=1}^{n} a_{ij}A_{ij} \ (i,j = 1,2,\cdots,n)$$

性质 1-7　行列式中任意一行(列)的元素与另一行(列)对应元素的代数余子式乘积之和等于零,即

$$\sum_{k=1}^{n} a_{ik}A_{jk} = 0(i \neq j) \text{ 或 } \sum_{k=1}^{n} a_{ki}A_{kj} = 0(i \neq j)$$

利用上述 7 个性质,可以对行列式的元素进行化简或将行列式等值变换为三角形行列式进行计算。

例 1-7　计算行列式 $D = \begin{vmatrix} 1 & 2 & 3 \\ -2 & 0 & 0 \\ 4 & 5 & 7 \end{vmatrix}$。

解:通过观察发现第 2 行零元素最多,按照第 2 行展开:

$$D = -2 \times (-1)^{2+1} \begin{vmatrix} 2 & 3 \\ 5 & 7 \end{vmatrix} = -2$$

例 1-8　将行列式 $D = \begin{vmatrix} 0 & 3 & 1 \\ -4 & -1 & 4 \\ 2 & 3 & 5 \end{vmatrix}$ 等值变换为上三角形行列式,并计算其结果。

解:利用性质 1-2 将 a_{11} 变为 1:

$$D \xlongequal{c_1 \leftrightarrow c_3} - \begin{vmatrix} 1 & 3 & 0 \\ 4 & -1 & -4 \\ 5 & 3 & 2 \end{vmatrix}$$

利用性质 1-5 将 a_{11} 下方元素变为零:

$$D \xlongequal[r_3 - 5r_1]{r_2 - 4r_1} - \begin{vmatrix} 1 & 3 & 0 \\ 0 & -13 & -4 \\ 0 & -12 & 2 \end{vmatrix}$$

以此类推,得

$$D \xlongequal{r_2 - r_3} - \begin{vmatrix} 1 & 3 & 0 \\ 0 & -1 & -6 \\ 0 & -12 & 2 \end{vmatrix} = -2 \begin{vmatrix} 1 & 3 & 0 \\ 0 & 1 & 6 \\ 0 & 6 & -1 \end{vmatrix} \xlongequal{r_3 - 6r_2} -2 \begin{vmatrix} 1 & 3 & 0 \\ 0 & 1 & 6 \\ 0 & 0 & -37 \end{vmatrix} = 74$$

行列式计算方法总结如下。

(1)降阶法计算行列式的步骤:

①确定零元素最多的行(列);

②将该行(列)化为只有一个元素非零,并将其按该行(列)展开;

③重复上述步骤,将行列式逐步降阶为二阶行列式。

(2)化上三角形法计算行列式的步骤:

①若 $a_{11} \neq 0$,则进入下一步骤,若 $a_{11} = 0$,根据性质 1-2 将 a_{11} 变为非零;

②根据性质 1-5,将 a_{11} 下方元素变为零;

③重复上述步骤,依次将 $a_{11}, a_{22}, \cdots, a_{n-1,n-1}$ 下方元素变为零,行列式变为上三角形行列式;

④计算行列式。

例 1-9 利用降阶法计算行列式 $D = \begin{vmatrix} 4 & 2 & -3 & 0 \\ 6 & 3 & 7 & 1 \\ 5 & 0 & 1 & 0 \\ 8 & 1 & 5 & 0 \end{vmatrix}$。

解:观察发现,第 4 列零元素最多,因此先按降阶法将四阶行列式按第 4 列展开为

$$D = (-1)^{2+4} \begin{vmatrix} 4 & 2 & -3 \\ 5 & 0 & 1 \\ 8 & 1 & 5 \end{vmatrix}$$

下一步可利用性质 1-5 将 a_{12} 变为零:

$$D \xlongequal{r_1 - 2r_3} \begin{vmatrix} -12 & 0 & -13 \\ 5 & 0 & 1 \\ 8 & 1 & 5 \end{vmatrix} = (-1)^{3+2} \begin{vmatrix} -12 & -13 \\ 5 & 1 \end{vmatrix} = -53$$

当行列式阶数较多时,使用降阶法运算量会增大,可以直接选择化上三角形法。

例 1-10 计算四阶行列式 $D = \begin{vmatrix} 1 & 1 & 1 & 1 \\ 3 & 1 & 1 & 1 \\ 2 & 1 & 3 & 1 \\ 4 & 1 & 1 & 3 \end{vmatrix}$。

解:利用性质 1-5 将第 1 列 a_{11} 下方元素变为零:

$$\begin{vmatrix} 1 & 1 & 1 & 1 \\ 3 & 1 & 1 & 1 \\ 2 & 1 & 3 & 1 \\ 4 & 1 & 1 & 3 \end{vmatrix} \xlongequal{r_2 - 3r_1} \begin{vmatrix} 1 & 1 & 1 & 1 \\ 0 & -2 & -2 & -2 \\ 2 & 1 & 3 & 1 \\ 4 & 1 & 1 & 3 \end{vmatrix}$$

$$\xlongequal{r_3-2r_1}\begin{vmatrix}1&1&1&1\\0&-2&-2&-2\\0&-1&1&-1\\4&1&1&3\end{vmatrix}\xlongequal{r_4-4r_1}\begin{vmatrix}1&1&1&1\\0&-2&-2&-2\\0&-1&1&-1\\0&-3&-3&-1\end{vmatrix}$$

以此类推，

$$D=-2\begin{vmatrix}1&1&1&1\\0&1&1&1\\0&-1&1&-1\\0&-3&-3&-1\end{vmatrix}\xlongequal[r_3+3r_2]{r_3+r_2}-2\begin{vmatrix}1&1&1&1\\0&1&1&1\\0&0&2&0\\0&0&0&2\end{vmatrix}$$

因此 $D=-8$。

第四节　克拉默法则

回忆第一章第一节解二元线性方程组 $\begin{cases}a_{11}x_1+a_{12}x_2=b_1\\a_{21}x_2+a_{22}x_2=b_2\end{cases}$ 的结论：

若 $a_{11}a_{22}-a_{12}a_{21}\neq 0$，则

$$\begin{cases}x_1=\dfrac{a_{22}b_1-a_{12}b_2}{a_{11}a_{22}-a_{12}a_{21}}=\dfrac{D_1}{D}\\[2ex]x_2=\dfrac{a_{11}b_2-a_{21}b_1}{a_{11}a_{22}-a_{12}a_{21}}=\dfrac{D_2}{D}\end{cases}$$

上述方法可以推广到类似的结论，称之为克拉默法则。

定理 1-1　（克拉默法则）含有 n 个未知数 $x_1,x_2,\cdots,x_n$ 的 n 个线性方程的方程组

$$\begin{cases}a_{11}x_1+a_{12}x_2+\cdots+a_{1n}x_n=b_1\\a_{21}x_1+a_{22}x_2+\cdots+a_{2n}x_n=b_2\\\cdots\cdots\cdots\cdots\\a_{n1}x_1+a_{n2}x_2+\cdots+a_{nn}x_n=b_n\end{cases}\tag{1-8}$$

其系数行列式为

$$D=\begin{vmatrix}a_{11}&a_{12}&\cdots&a_{1n}\\a_{21}&a_{22}&\cdots&a_{2n}\\\vdots&\vdots&&\vdots\\a_{n1}&a_{n2}&\cdots&a_{nn}\end{vmatrix}$$

记

$$D_i = \begin{vmatrix} a_{11} & \cdots & a_{1,i-1} & b_1 & a_{1,i+1} & \cdots & a_{1n} \\ a_{21} & \cdots & a_{2,i-1} & b_2 & a_{2,i+1} & \cdots & a_{2n} \\ \vdots & & \vdots & \vdots & \vdots & & \vdots \\ a_{n1} & \cdots & a_{n,i-1} & b_n & a_{n,i+1} & \cdots & a_{nn} \end{vmatrix}$$

此时,若 $D \neq 0$,则方程组有唯一解:

$$\begin{cases} x_1 = \dfrac{D_1}{D} \\ x_2 = \dfrac{D_2}{D} \\ \vdots \\ x_n = \dfrac{D_n}{D} \end{cases} \tag{1-9}$$

注意:用克拉默法则解线性方程组时,必须满足两个条件:一是方程的个数与未知量的个数相等;二是系数行列式 $D \neq 0$ 。

若线性方程组的解全部为零,则称为**零解**(平凡解),若不全为零,则称为**非零解**(非平凡解)。

当方程组(1-8)中的常数项都等于0时,称之为**齐次线性方程组**,即

$$\begin{cases} a_{11}x_1 + a_{12}x_2 + \cdots + a_{1n}x_n = 0 \\ a_{21}x_1 + a_{22}x_2 + \cdots + a_{2n}x_n = 0 \\ \cdots\cdots\cdots\cdots \\ a_{n1}x_1 + a_{n2}x_2 + \cdots + a_{nn}x_n = 0 \end{cases} \tag{1-10}$$

显然,所有未知量皆取零,则为齐次线性方程组的一个解,这个解称为零解(平凡解)。

此外,若未知量的一组不全为零的值也是它的解,则这个解称为非零解(非平凡解)。

齐次线性方程组一定有零解,但不一定有非零解,下面给出定理1-2。

定理1-2 若齐次线性方程组(1-10)的系数行列式 $D \neq 0$,则它只有零解。

定理1-2的逆否命题同样成立,即:

推论1-3 齐次线性方程组(1-10)有非零解的充要条件为 $D = 0$ 。

例1-11 解线性方程组 $\begin{cases} x_1 + 2x_2 = 5 \\ 3x_2 + 4x_2 = 9 \end{cases}$ 。

解: $D = \begin{vmatrix} 1 & 2 \\ 3 & 4 \end{vmatrix} = -2 \neq 0$,故此方程组有唯一解。因为

$$D_1 = \begin{vmatrix} 5 & 2 \\ 9 & 4 \end{vmatrix} = 2 \text{ , } D_2 = \begin{vmatrix} 1 & 5 \\ 3 & 9 \end{vmatrix} = -6$$

所以该方程组的解为

$$\begin{cases} x_1 = \dfrac{D_1}{D} = \dfrac{2}{-2} = -1 \\ x_2 = \dfrac{D_2}{D} = \dfrac{-6}{-2} = 3 \end{cases}$$

例 1-12 解线性方程组 $\begin{cases} x_1 + x_2 + x_3 = 5 \\ 2x_1 + x_2 - x_3 = 2 \\ x_1 + 2x_2 - x_3 = 3 \end{cases}$。

解:

$$D = \begin{vmatrix} 1 & 1 & 1 \\ 2 & 1 & -1 \\ 1 & 2 & -1 \end{vmatrix} = 5 \neq 0, D_1 = \begin{vmatrix} 5 & 1 & 1 \\ 2 & 1 & -1 \\ 3 & 2 & -1 \end{vmatrix} = 5$$

$$D_2 = \begin{vmatrix} 1 & 5 & 1 \\ 2 & 2 & -1 \\ 1 & 3 & -1 \end{vmatrix} = 10, D_3 = \begin{vmatrix} 1 & 1 & 5 \\ 2 & 1 & 2 \\ 1 & 2 & 3 \end{vmatrix} = 10$$

该方程组的解为 $\begin{cases} x_1 = \dfrac{D_1}{D} = 1 \\ x_2 = \dfrac{D_2}{D} = 2 \\ x_3 = \dfrac{D_3}{D} = 2 \end{cases}$。

例 1-13 问 λ 取何值时,下面的齐次线性方程组有非零解?

$$\begin{cases} \lambda x_1 + x_2 + 3x_3 = 0 \\ x_1 + (\lambda - 1)x_2 + x_3 = 0 \\ x_1 + x_2 + (\lambda - 1)x_3 = 0 \end{cases}$$

解:由推论 1-3 知,若该齐次线性方程组有非零解,则系数行列式

$$D = 0, 即 \begin{vmatrix} \lambda & 1 & 3 \\ 1 & \lambda - 1 & 1 \\ 1 & 1 & \lambda - 1 \end{vmatrix} = 0$$

$$\begin{vmatrix} \lambda & 1 & 3 \\ 1 & \lambda - 1 & 1 \\ 1 & 1 & \lambda - 1 \end{vmatrix} \xlongequal{r_1 \leftrightarrow r_3} - \begin{vmatrix} 1 & 1 & \lambda - 1 \\ 1 & \lambda - 1 & 1 \\ \lambda & 1 & 3 \end{vmatrix}$$

$$\xlongequal[r_3 - \lambda r_1]{r_2 - r_1} - \begin{vmatrix} 1 & 1 & \lambda - 1 \\ 0 & \lambda - 2 & 2 - \lambda \\ 0 & 1 - \lambda & -\lambda^2 + \lambda + 3 \end{vmatrix}$$

$$= -(\lambda - 2) \begin{vmatrix} 1 & -1 \\ 1 - \lambda & -\lambda^2 + \lambda + 3 \end{vmatrix} = (\lambda - 2)(\lambda^2 - 4) = 0$$

故当 $\lambda_1 = 2, \lambda_2 = -2$ 时,原齐次线性方程组有非零解。

习　题

一、选择题

1. 已知 n 阶行列式 A，若将 A 的某一行元素都乘 k 加到另一行对应元素上，得到行列式 B，则(　　)。

A. $A=B$　　B. $B=kA$

C. $-A=B$　　D. $k^nA=B$

2. 对角行列式 $\begin{vmatrix} a_{11} & 0 & \cdots & 0 \\ 0 & a_{22} & \cdots & 0 \\ \vdots & \vdots & & \vdots \\ 0 & 0 & \cdots & a_{nn} \end{vmatrix}$ 的值为(　　)。

A. $a_{11}+a_{22}+\cdots+a_{nn}$　　B. $a_{11}a_{22}\cdots a_{nn}$

C. $(a_{11}a_{22}\cdots a_{nn})^n$　　D. $\sum\limits_{i=1}^{n} a_{ii}$

3. 齐次线性方程组 $\begin{cases} x_1+x_2+x_3=0 \\ x_1+2x_2+x_3=0 \\ x_1+3x_2+kx_3=0 \end{cases}$ 有非零解，则 k 的值为(　　)。

A. 1　　B. 2　　C. 3　　D. 4

4. 设 $D=\begin{vmatrix} 1 & 2 & 3 \\ 4 & 5 & 6 \\ 7 & 8 & 9 \end{vmatrix}$，$A_{11}, A_{12}, A_{13}$ 分别是 a_{11}, a_{12}, a_{13} 的代数余子式，则 $a_{11}A_{11}+a_{12}A_{12}+a_{13}A_{13}$ 的值为(　　)。

A. 0　　B. -1　　C. 1　　D. 无法确定

二、填空题

1. 若 n 阶行列式某一行元素全为 0，则 $D=$ ________。

2. 若齐次线性方程组 $\begin{cases} x+y+z=0 \\ x+2y+2z=0 \\ x+2y+kz=0 \end{cases}$ 只有零解，则 k 的取值范围是________。

3. 已知行列式 $\begin{vmatrix} a & b \\ c & d \end{vmatrix}=3$，则 $\begin{vmatrix} 2a & 2b \\ 2c & 2d \end{vmatrix}=$ ________。

三、综合题

1. 计算下列行列式

(1) $\begin{vmatrix} 3 & -2 \\ 1 & 4 \end{vmatrix}$。　　(2) $\begin{vmatrix} 1 & 2 & 3 \\ 4 & 5 & 6 \\ 7 & 8 & 9 \end{vmatrix}$。

(3) $\begin{vmatrix} 1 & 2 & 3 \\ -2 & 0 & 0 \\ 4 & 5 & 7 \end{vmatrix}$。　　(4) $\begin{vmatrix} -2 & 3 & 1 \\ -4 & -1 & 4 \\ 2 & 3 & 5 \end{vmatrix}$。

2. 求 x 的值,使 $\begin{vmatrix} 1 & 2 & 3 \\ x & 4 & 5 \\ 6 & 7 & 8 \end{vmatrix} = 0$。

3. 计算行列式 $D = \begin{vmatrix} 0 & 0 & 0 & a_1 \\ 0 & 0 & a_2 & 0 \\ 0 & a_3 & 0 & 0 \\ a_4 & 0 & 0 & 0 \end{vmatrix}$。

4. 利用性质计算行列式 $\begin{vmatrix} 1 & 0 & 0 \\ a & 1 & 0 \\ b & c & 1 \end{vmatrix}$。

5. 用化上三角形法计算行列式 $\begin{vmatrix} 1 & 2 & 3 \\ 2 & 3 & 1 \\ 3 & 1 & 2 \end{vmatrix}$。

6. 设 $D = \begin{vmatrix} 1 & -2 & 3 \\ 4 & 5 & -6 \\ 7 & 8 & 9 \end{vmatrix}$,计算 $3D$ 对应的行列式的值。

7. 用克拉默法则求解线性方程组 $\begin{cases} 2x + y - z = 1 \\ x - y + z = 2 \\ 3x + 2y - z = 3 \end{cases}$。

8. 若齐次线性方程组 $\begin{cases} (k-1)x + y + z = 0 \\ x + (k-1)y + z = 0 \\ x + y + (k-1)z = 0 \end{cases}$ 有非零解,求 k 的值。

9. 设线性方程组

$$\begin{cases} a_{11}x_1 + a_{12}x_2 + a_{13}x_3 = b_1 \\ a_{21}x_1 + a_{22}x_2 + a_{23}x_3 = b_2 \\ a_{31}x_1 + a_{32}x_2 + a_{33}x_3 = b_3 \end{cases}$$

其系数行列式 $D = 3$, $D_1 = 6$, $D_2 = -3$, $D_3 = 9$,求方程组的解。

拓展阅读

行列式在交通信号管理中的应用

行列式作为线性代数中的重要工具,在交通信号管理领域有着多方面的应用,下面介绍一个简单的应用场景。

1. 问题背景

假设有一个简单的十字路口,它连接着四条道路,分别标记为东(E)、西(W)、南(S)、北(N)。每个方向都有车辆流入和流出该路口,并且在特定时间段内，交通流量相对稳定。交通信号灯有两个主要相位：相位一允许东西方向的车辆通行，相位二允许南北方向的车辆通行。目标是根据各方向的车流量来合理分配这两个相位的时长，以提高路口的通行效率。

2. 数据收集与方程建立

数据收集：通过交通流量监测设备，得到在一个统计周期内，各方向的车流量数据。假设东向流入车辆数为 $x_{\text{E入}}$，流出车辆数为 $x_{\text{E出}}$；西向流入车辆数为 $x_{\text{W入}}$，流出车辆数为 $x_{\text{W出}}$；南向流入车辆数为 $x_{\text{S入}}$，流出车辆数为 $x_{\text{S出}}$；北向流入车辆数为 $x_{\text{N入}}$，流出车辆数为 $x_{\text{N出}}$。

方程建立：根据交通流量守恒原理，在每个相位中，流入路口的车辆总数应该等于流出路口的车辆总数。

对于东西方向通行的相位一，设该相位时长为 t_1，单位时间内东西方向通过的车辆数分别为 a_E 和 a_W，则有方程 $(a_E+a_W)t_1=x_{\text{E出}}+x_{\text{W出}}$。

对于南北方向通行的相位二，设该相位时长为 t_2，单位时间内南北方向通过的车辆数分别为 a_S 和 a_N，则有方程 $(a_S+a_N)t_2=x_{\text{S出}}+x_{\text{N出}}$。

3. 转化为线性方程组并用行列式求解

将上述两个方程整理成线性方程组的标准形式：

$$\begin{cases}(a_E+a_W)t_1+0\times t_2=x_{\text{E出}}+x_{\text{W出}}\\ 0\times t_1+(a_S+a_N)t_2=x_{\text{S出}}+x_{\text{N出}}\end{cases}$$

利用克拉默法则解线性方程组：

$$D=\begin{vmatrix}a_E+a_W & 0\\ 0 & a_S+a_N\end{vmatrix}=(a_E+a_W)(a_S+a_N)$$

$$D_1=\begin{vmatrix}x_{\text{E出}}+x_{\text{W出}} & 0\\ x_{\text{S出}}+x_{\text{N出}} & a_S+a_N\end{vmatrix}=(x_{\text{E出}}+x_{\text{W出}})(a_S+a_N)$$

$$D_2=\begin{vmatrix}a_E+a_W & x_{\text{E出}}+x_{\text{W出}}\\ 0 & x_{\text{S出}}+x_{\text{N出}}\end{vmatrix}=(a_E+a_W)(x_{\text{S出}}+x_{\text{N出}})$$

方程组的解为

$$\begin{cases}t_1=\dfrac{D_1}{D}=\dfrac{x_{\text{E出}}+x_{\text{W出}}}{a_E+a_W}\\ t_2=\dfrac{D_2}{D}=\dfrac{x_{\text{S出}}+x_{\text{N出}}}{a_S+a_N}\end{cases}$$

4. 实际意义与应用

通过计算得到的 t_1 和 t_2 就是根据当前各方向车流量确定的两个相位的合理时长。交通管理部门可以根据这些计算结果调整交通信号灯的配时方案，使得在该时间段内，各个方向的车辆都能更顺畅地通过路口，减少车辆的等待时间，提高整个十字路口的通行效率。

第二章 矩阵及其计算

矩阵是线性代数的主要内容之一，其研究具有悠久的历史，在解线性方程组及线性变换方面有着重要的地位。本章将学习矩阵的概念、计算以及矩阵的初等变换，并利用矩阵的初等变换解线性方程组。

第一节 矩阵的概念

在上一章，已经利用行列式的计算及克拉默法则成功解决了包含 n 个未知数和 n 个方程的线性方程组。但当遇到如下的线性方程组时：

$$\begin{cases} a_{11}x_1 + a_{12}x_2 + \cdots + a_{1n}x_n = b_1 \\ a_{21}x_1 + a_{22}x_2 + \cdots + a_{2n}x_n = b_2 \\ \cdots\cdots\cdots\cdots \\ a_{m1}x_1 + a_{m2}x_2 + \cdots + a_{mn}x_n = b_m \end{cases} \tag{2-1}$$

若要快速获得方程组的解，则需要利用矩阵。下面引入矩阵的概念。

一、矩阵的概念

定义 2-1 由 $m \times n$ 个数排成的一个 m 行 n 列的数表

$$\begin{pmatrix} a_{11} & a_{12} & \cdots & a_{1n} \\ a_{21} & a_{22} & \cdots & a_{2n} \\ \vdots & \vdots & & \vdots \\ a_{m1} & a_{m2} & \cdots & a_{mn} \end{pmatrix}$$

称为 m 行 n 列**矩阵**，简称 $m \times n$ **矩阵**，常用大写字母 $\boldsymbol{A}$、$\boldsymbol{B}$、$\boldsymbol{C}$ 等表示，m 行 n 列矩阵也记作 $\boldsymbol{A}_{m\times n}$ 或 $(a_{ij})_{m\times n}$。

矩阵的概念和类型

其中：m 为矩阵的**行数**，n 为矩阵的**列数**，a_{ij} 称为矩阵的第 i 行第 j 列**元素**（简称**元**）。

元素是实数的矩阵称为**实矩阵**，元素是复数的矩阵称为**复矩阵**。

实例 2-1 有四个区域（A、B、C、D），可用矩阵刻画两两之间的交通流量：

$$\begin{array}{c} \\ A \\ B \\ C \\ D \end{array}\begin{array}{c} \begin{array}{cccc} A & B & C & D \end{array} \\ \begin{pmatrix} 0 & 100 & 50 & 75 \\ 80 & 0 & 30 & 45 \\ 40 & 70 & 0 & 60 \\ 50 & 60 & 90 & 0 \end{pmatrix} \end{array}$$

矩阵中的每个元素表示从行标签所代表的区域到列标签所代表的区域的交通量(单位:车辆数/时)。

实例 2-2　交通信号矩阵通常用于描述交通信号控制系统中各个交叉口信号灯的状态。以下是一个简化的交通信号矩阵示例,它表示四个交叉口(A、B、C、D)的信号灯状态。矩阵中的每个元素代表一个交叉口的信号灯颜色,其中“1”代表绿灯,“2”代表黄灯,“3”代表红灯。

$$\begin{array}{c} \\ A \\ B \\ C \\ D \end{array}\begin{array}{c} \begin{array}{cccc} A & B & C & D \end{array} \\ \begin{pmatrix} 3 & 1 & 2 & 3 \\ 1 & 3 & 1 & 2 \\ 2 & 1 & 3 & 1 \\ 3 & 2 & 1 & 3 \end{pmatrix} \end{array}$$

由上述两个实例均可看出,矩阵的表达,让大数据的呈现更加直观明了,同时更加方便以后的大数据运算。

定义 2-2　两个矩阵的行数和列数分别相等时,就称它们是**同型矩阵**。如果矩阵 $\boldsymbol{A} = (a_{ij})$ 与 $\boldsymbol{B} = (b_{ij})$ 是同型矩阵,且各对应元素也相等,则称 $\boldsymbol{A}$ 与 $\boldsymbol{B}$ 相等,记作 $\boldsymbol{A} = \boldsymbol{B}$。

例 2-1　设 $\boldsymbol{A} = \begin{pmatrix} a & 5 \\ 3 & a+b \end{pmatrix}$,$\boldsymbol{B} = \begin{pmatrix} 1 & d \\ c & 7 \end{pmatrix}$,如果 $\boldsymbol{A} = \boldsymbol{B}$,求 a、b、c、d。

解:由 $\boldsymbol{A} = \boldsymbol{B}$,可得 $\begin{cases} a = 1 \\ 5 = d \\ 3 = c \\ a + b = 7 \end{cases}$,

解方程组得:$\begin{cases} a = 1 \\ b = 6 \\ c = 3 \\ d = 5 \end{cases}$。

二、几种特殊形式的矩阵

1. 行矩阵(向量)

当 $m = 1$ 时,矩阵 $\boldsymbol{A} = (a_{11}, a_{12}, \cdots, a_{1n})$ 称为行矩阵,也称为 n 维行向量。

2. 列矩阵(向量)

当 $n=1$ 时,矩阵 $\boldsymbol{A}=\begin{pmatrix} a_{11} \\ a_{21} \\ \vdots \\ a_{m1} \end{pmatrix}$ 称为列矩阵,也称为 m 维列向量。

3. 方阵

已知矩阵 $\boldsymbol{A}=\begin{pmatrix} a_{11} & a_{12} & \cdots & a_{1n} \\ a_{21} & a_{22} & \cdots & a_{2n} \\ \vdots & \vdots & & \vdots \\ a_{m1} & a_{m2} & \cdots & a_{mn} \end{pmatrix}$,当 $m=n$ 时,称矩阵 $\boldsymbol{A}_{n\times n}$ 为 n 阶方阵,记作 $\boldsymbol{A}_n$。

4. 负矩阵

将矩阵 $\boldsymbol{A}$ 中的各个元素变为其相反数所得到的矩阵,称为 $\boldsymbol{A}$ 的负矩阵,记作 $-\boldsymbol{A}$, $-\boldsymbol{A}=(-a_{ij})_{m\times n}$。

5. 三角形矩阵

(1)上三角形矩阵:主对角线下方元素全为零的 n 阶方阵,称为 n 阶上三角形矩阵,即

$$\boldsymbol{A}=\begin{pmatrix} a_{11} & a_{12} & \cdots & a_{1n} \\ 0 & a_{22} & \cdots & a_{2n} \\ \vdots & \vdots & & \vdots \\ 0 & 0 & \cdots & a_{nn} \end{pmatrix}$$

(2)下三角形矩阵:主对角线上方元素全为零的 n 阶方阵,称为 n 阶下三角形矩阵,即

$$\boldsymbol{A}=\begin{pmatrix} a_{11} & 0 & \cdots & 0 \\ a_{21} & a_{22} & \cdots & 0 \\ \vdots & \vdots & & \vdots \\ a_{n1} & a_{n2} & \cdots & a_{nn} \end{pmatrix}$$

6. 对角矩阵

除了主对角线上的元素,其余元素全为零的 n 阶方阵,称为 n 阶对角矩阵,记作 $\boldsymbol{\Lambda}$,即

$$\boldsymbol{\Lambda}=\begin{pmatrix} \lambda_1 & 0 & \cdots & 0 \\ 0 & \lambda_2 & \cdots & 0 \\ \vdots & \vdots & & \vdots \\ 0 & 0 & \cdots & \lambda_n \end{pmatrix}$$

明显可以看出,对角矩阵只需明确其主对角线元素即可,因此常常将对角矩阵记作

$$\boldsymbol{\Lambda}=\mathrm{diag}(\lambda_1,\lambda_2,\cdots,\lambda_n)$$

值得注意的是，对角矩阵是允许主对角线上的某些元素为零的。

7. 数量矩阵

主对角线上的元素都是非零常数 λ 的 n 阶对角矩阵，称为 n 阶数量矩阵，记作

$$\boldsymbol{S}=\begin{pmatrix}\lambda & 0 & \cdots & 0\\ 0 & \lambda & \cdots & 0\\ \vdots & \vdots & & \vdots\\ 0 & 0 & \cdots & \lambda\end{pmatrix}$$

8. 单位矩阵

再特殊一点，主对角线上的元素全为 1，其余元素全为零的 n 阶方阵称为 n 阶单位矩阵，简称 n 阶单位阵，记作 $\boldsymbol{E}_n$ 或 $\boldsymbol{I}_n$，即

$$\boldsymbol{I}_n=\boldsymbol{E}_n=\begin{pmatrix}1 & 0 & \cdots & 0\\ 0 & 1 & \cdots & 0\\ \vdots & \vdots & & \vdots\\ 0 & 0 & \cdots & 1\end{pmatrix}$$

例如，$\boldsymbol{I}_2=\begin{pmatrix}1 & 0\\ 0 & 1\end{pmatrix}$ 表示 2 阶单位矩阵。

9. 零矩阵

所有元素全是零的矩阵称为零矩阵，记作 $\boldsymbol{O}$。

例如，$\boldsymbol{O}_{2\times3}=\begin{pmatrix}0 & 0 & 0\\ 0 & 0 & 0\end{pmatrix}$ 是 2 行 3 列的零矩阵。

注意：零矩阵是不唯一的！

第二节　矩阵的运算

在第一节，我们已经学习了什么是矩阵以及特殊形式的矩阵。在以后利用矩阵进行大数据运算时，就需要用到矩阵的运算，这一节一起来学习矩阵的运算。

一、矩阵的线性运算

1. 矩阵的加(减)法运算

定义 2-3　设 $\boldsymbol{A}=(a_{ij})_{m\times n}$，$\boldsymbol{B}=(b_{ij})_{m\times n}$ 是两个 $m\times n$ 矩阵，则它们的和 $\boldsymbol{A}+\boldsymbol{B}$ 也是 $m\times n$ 矩阵，并规定：

$$\boldsymbol{A}+\boldsymbol{B}=(a_{ij}+b_{ij})_{m\times n}=\begin{pmatrix}a_{11}+b_{11} & a_{12}+b_{12} & \cdots & a_{1n}+b_{1n}\\ a_{21}+b_{21} & a_{22}+b_{22} & \cdots & a_{2n}+b_{2n}\\ \vdots & \vdots & & \vdots\\ a_{m1}+b_{m1} & a_{m2}+b_{m2} & \cdots & a_{mn}+b_{mn}\end{pmatrix}$$

也就是说，矩阵的加法是两个同型矩阵的加法，且其法则是将两个矩阵对应位置的元素相加。

例如，$\begin{pmatrix}2&1&2\\3&4&7\end{pmatrix}+\begin{pmatrix}-1&3&0\\3&7&-2\end{pmatrix}=\begin{pmatrix}1&4&2\\6&11&5\end{pmatrix}$。

由矩阵加法和负矩阵的概念，可规定矩阵的减法：

$$\boldsymbol{A}-\boldsymbol{B}=\boldsymbol{A}+(-\boldsymbol{B})=(a_{ij}-b_{ij})_{m\times n}$$

$$=\begin{pmatrix}a_{11}-b_{11}&a_{12}-b_{12}&\cdots&a_{1n}-b_{1n}\\a_{21}-b_{21}&a_{22}-b_{22}&\cdots&a_{2n}-b_{2n}\\\vdots&\vdots&&\vdots\\a_{m1}-b_{m1}&a_{m2}-b_{m2}&\cdots&a_{mn}-b_{mn}\end{pmatrix}$$

由于矩阵的加法或减法，均定义为其对应元素的加法或减法，因此满足以下运算法则：

$\boldsymbol{A}$、$\boldsymbol{B}$、$\boldsymbol{C}$ 是任意三个 $m\times n$ 矩阵，$\boldsymbol{O}$ 是同型零矩阵，则

(1)加法交换律：$\boldsymbol{A}+\boldsymbol{B}=\boldsymbol{B}+\boldsymbol{A}$；

(2)加法结合律：$(\boldsymbol{A}+\boldsymbol{B})+\boldsymbol{C}=\boldsymbol{A}+(\boldsymbol{B}+\boldsymbol{C})$；

(3)零矩阵满足 $\boldsymbol{A}+\boldsymbol{O}=\boldsymbol{O}+\boldsymbol{A}=\boldsymbol{A}$；

(4)存在矩阵 $-\boldsymbol{A}$，满足 $\boldsymbol{A}+(-\boldsymbol{A})=\boldsymbol{O}$。

2. 矩阵的数乘运算

定义 2-4 矩阵 $\boldsymbol{A}=(a_{ij})_{m\times n}$，$k$ 是任意一个实数，用数 k 乘矩阵 $\boldsymbol{A}$ 的所有元素所得到的新矩阵，称为 $\boldsymbol{A}$ 的**数乘矩阵**，记作 $k\boldsymbol{A}$，即

$$k\boldsymbol{A}=(ka_{ij})_{m\times n}=\begin{pmatrix}ka_{11}&ka_{12}&\cdots&ka_{1n}\\ka_{21}&ka_{22}&\cdots&ka_{2n}\\\vdots&\vdots&&\vdots\\ka_{m1}&ka_{m2}&\cdots&ka_{mn}\end{pmatrix}$$

了解数乘矩阵与数乘行列式的区别：

行列式的数乘 $\begin{vmatrix}a_{11}&a_{12}&\cdots&a_{1n}\\\vdots&\vdots&&\vdots\\ka_{i1}&ka_{i1}&\cdots&ka_{in}\\\vdots&\vdots&&\vdots\\a_{n1}&a_{n2}&\cdots&a_{nn}\end{vmatrix}=k\begin{vmatrix}a_{11}&a_{12}&\cdots&a_{1n}\\\vdots&\vdots&&\vdots\\a_{i1}&a_{i1}&\cdots&a_{in}\\\vdots&\vdots&&\vdots\\a_{n1}&a_{n2}&\cdots&a_{nn}\end{vmatrix}$

如果 k、l 是任意两个数，$\boldsymbol{A}$ 和 $\boldsymbol{B}$ 是任意两个 $m\times n$ 矩阵，则矩阵的数乘运算满足：

(1)数对矩阵的分配律：$k(\boldsymbol{A}+\boldsymbol{B})=k\boldsymbol{A}+k\boldsymbol{B}$；

(2)矩阵对数的分配律：$(k+l)\boldsymbol{A}=k\boldsymbol{A}+l\boldsymbol{A}$；

(3)数与矩阵的结合律：$(kl)\boldsymbol{A}=k(l\boldsymbol{A})=l(k\boldsymbol{A})$；

(4)数 0、1 与矩阵数乘满足：$0\boldsymbol{A}=\boldsymbol{O}$，$1\boldsymbol{A}=\boldsymbol{A}$。

矩阵的加法和矩阵的数乘统称为矩阵的**线性运算**。

例 2-2　已知矩阵 $\boldsymbol{A}=\begin{pmatrix}1&3\\2&4\end{pmatrix}$，$\boldsymbol{B}=\begin{pmatrix}-1&7\\2&-4\end{pmatrix}$，求 $2\boldsymbol{A}-3\boldsymbol{B}$。

解：$2\boldsymbol{A}-3\boldsymbol{B}=2\begin{pmatrix}1&3\\2&4\end{pmatrix}-3\begin{pmatrix}-1&7\\2&-4\end{pmatrix}=\begin{pmatrix}2&6\\4&8\end{pmatrix}-\begin{pmatrix}-3&21\\6&-12\end{pmatrix}=\begin{pmatrix}5&-15\\-2&20\end{pmatrix}$。

例 2-3　求矩阵 $\boldsymbol{X}$，使 $3\boldsymbol{A}+\boldsymbol{X}=2\boldsymbol{B}$，其中

$$\boldsymbol{A}=\begin{pmatrix}2&0&5\\-6&1&0\end{pmatrix},\quad \boldsymbol{B}=\begin{pmatrix}1&3&-1\\0&-2&1\end{pmatrix}$$

解：由 $3\boldsymbol{A}+\boldsymbol{X}=2\boldsymbol{B}$ 得，$\boldsymbol{X}=2\boldsymbol{B}-3\boldsymbol{A}$，于是

$$\boldsymbol{X}=\begin{pmatrix}2&6&-2\\0&-4&2\end{pmatrix}-\begin{pmatrix}6&0&15\\-18&3&0\end{pmatrix}=\begin{pmatrix}-4&6&-17\\18&-7&2\end{pmatrix}$$

二、矩阵的乘法运算

引例　某工厂生产三种货物，它向两家商店发送的货物数量可用矩阵表示为

$$\boldsymbol{A}=\begin{pmatrix}a_{11}&a_{12}&a_{13}\\a_{21}&a_{22}&a_{23}\end{pmatrix}$$

其中：a_{ij} 表示工厂向第 i 家商店发送第 j 种货物的数量。

这三种货物的单价及单件质量也可列成矩阵：

$$\boldsymbol{B}=\begin{pmatrix}b_{11}&b_{12}\\b_{21}&b_{22}\\b_{31}&b_{32}\end{pmatrix}$$

其中：b_{i1} 表示第 i 种货物的单价；b_{i2} 表示第 i 种货物的单件质量。

以 c_{i1}、c_{i2} 分别表示工厂向第 i 家商店所发货物的总值及总质量，其中 $i=1,2$。

则 $c_{i1}=\sum\limits_{k=1}^{3}a_{ik}b_{k1}$，$c_{i2}=\sum\limits_{k=1}^{3}a_{ik}b_{k2}$。

可以组成一个新的矩阵来统一表示各商店货物的总值及总质量：

$$\boldsymbol{C}_{2\times2}=\begin{pmatrix}c_{11}&c_{12}\\c_{21}&c_{22}\end{pmatrix},c_{ij}=\sum_{k=1}^{3}a_{ik}b_{kj}(i,j=1,2)$$

由此，可以定义矩阵的乘法运算。

矩阵乘法运算

定义 2-5　设矩阵 $\boldsymbol{A}=(a_{ij})_{m\times s}$，$\boldsymbol{B}=(b_{ij})_{s\times n}$，则矩阵 $\boldsymbol{A}$ 与矩阵 $\boldsymbol{B}$ 的乘积为一个 $m\times n$ 矩阵，记为 $\boldsymbol{C}=\boldsymbol{AB}$，规定 $\boldsymbol{C}=(c_{ij})_{m\times n}$，其中

$$c_{ij}=a_{i1}b_{1j}+a_{i2}b_{2j}+\cdots+a_{is}b_{sj}=\sum_{k=1}^{s}a_{ik}b_{kj}$$
$$(i=1,2,\cdots,m;j=1,2,\cdots,n)$$

常读作“$\boldsymbol{A}$ 左乘 $\boldsymbol{B}$”或“$\boldsymbol{B}$ 右乘 $\boldsymbol{A}$”。

注意：

(1)只有当左矩阵 $\boldsymbol{A}$ 的列数与右矩阵 $\boldsymbol{B}$ 的行数相等时，两个矩阵才能相乘；

(2)矩阵 $\boldsymbol{C}$ 的行数等于左矩阵 $\boldsymbol{A}$ 的行数，列数等于右矩阵 $\boldsymbol{B}$ 的列数；

(3)矩阵 $\boldsymbol{C}$ 的元素 c_{ij} 等于左矩阵 $\boldsymbol{A}$ 的第 i 行与右矩阵 $\boldsymbol{B}$ 的第 j 列对应元素的乘积之和。

例 2-4 设 $\boldsymbol{A}=\begin{pmatrix}1&2&3\\1&0&-1\end{pmatrix}$，$\boldsymbol{B}=\begin{pmatrix}1&0\\-1&1\\0&2\end{pmatrix}$，求 $\boldsymbol{AB}$，$\boldsymbol{BA}$。

解：$\boldsymbol{AB}=\begin{pmatrix}1&2&3\\1&0&-1\end{pmatrix}\begin{pmatrix}1&0\\-1&1\\0&2\end{pmatrix}$

$$=\begin{pmatrix}1\times1+2\times(-1)+3\times0 & 1\times0+2\times1+3\times2\\1\times1+0\times(-1)+(-1)\times0 & 1\times0+0\times1+(-1)\times2\end{pmatrix}$$

$$=\begin{pmatrix}-1&8\\1&-2\end{pmatrix}$$

$$\boldsymbol{BA}=\begin{pmatrix}1&0\\-1&1\\0&2\end{pmatrix}\begin{pmatrix}1&2&3\\1&0&-1\end{pmatrix}$$

$$=\begin{pmatrix}1\times1+0\times1 & 1\times2+0\times0 & 1\times3+0\times(-1)\\(-1)\times1+1\times1 & (-1)\times2+1\times0 & (-1)\times3+1\times(-1)\\0\times1+2\times1 & 0\times2+2\times0 & 0\times3+2\times(-1)\end{pmatrix}$$

$$=\begin{pmatrix}1&2&3\\0&-2&-4\\2&0&-2\end{pmatrix}$$

从上例可发现，$\boldsymbol{AB}$ 是一个 2 阶方阵，$\boldsymbol{BA}$ 是一个 3 阶方阵，$\boldsymbol{AB}\neq\boldsymbol{BA}$。有时候，还会存在 $\boldsymbol{AB}$ 成立，但 $\boldsymbol{BA}$ 不成立的情况。也就是说，矩阵的乘法并不满足交换律。

所以，在作矩阵乘法时，我们需要注意：

(1)矩阵乘法不满足交换律，即一般情况下，$\boldsymbol{AB}\neq\boldsymbol{BA}$；

(2)尽管矩阵 $\boldsymbol{AB}=\boldsymbol{O}$，但是得不出 $\boldsymbol{A}=\boldsymbol{O}$ 或者 $\boldsymbol{B}=\boldsymbol{O}$ 的结论，如

$$\begin{pmatrix}1&1\\-1&-1\end{pmatrix}\begin{pmatrix}1&-1\\-1&1\end{pmatrix}=\begin{pmatrix}0&0\\0&0\end{pmatrix}$$

(3)若 $\boldsymbol{AB}=\boldsymbol{AC}$，但不一定有 $\boldsymbol{B}=\boldsymbol{C}$，如

$\boldsymbol{A}=\begin{pmatrix}2&3&0\\1&2&0\end{pmatrix}$，$\boldsymbol{B}=\begin{pmatrix}1&0\\0&2\\3&0\end{pmatrix}$，$\boldsymbol{C}=\begin{pmatrix}1&0\\0&2\\4&5\end{pmatrix}$，则 $\boldsymbol{AB}=\boldsymbol{AC}=\begin{pmatrix}2&6\\1&4\end{pmatrix}$，

但 $\boldsymbol{B}\neq\boldsymbol{C}$。

但是,矩阵乘法仍满足下列运算规律(假设运算都是成立的):

(1)结合律:$(\boldsymbol{AB})\boldsymbol{C}=\boldsymbol{A}(\boldsymbol{BC})$;

(2)分配律:$(\boldsymbol{A}+\boldsymbol{B})\boldsymbol{C}=\boldsymbol{AC}+\boldsymbol{BC}$,$\boldsymbol{C}(\boldsymbol{A}+\boldsymbol{B})=\boldsymbol{CA}+\boldsymbol{CB}$;

(3)设 k 是常数,$k(\boldsymbol{AB})=(k\boldsymbol{A})\boldsymbol{B}=\boldsymbol{A}(k\boldsymbol{B})$;

(4)$\boldsymbol{I}_m\boldsymbol{A}_{m\times n}=\boldsymbol{A}_{m\times n}\boldsymbol{I}_n=\boldsymbol{A}_{m\times n}$,特别地,$\boldsymbol{I}_n\boldsymbol{A}_n=\boldsymbol{A}_n\boldsymbol{I}_n=\boldsymbol{A}_n$;

(5)$\boldsymbol{O}_{m\times r}\boldsymbol{A}_{r\times n}=\boldsymbol{O}_{m\times n}$,$\boldsymbol{A}_{m\times r}\boldsymbol{O}_{r\times n}=\boldsymbol{O}_{m\times n}$。

例 2-5　(通信矩阵编码)在信息传递过程中,有时候需要对信息矩阵进行编码,以防被破译。简单来说,就是将编码信息放置在矩阵中,该矩阵称为编码矩阵,信息矩阵乘一个编码矩阵,即可对信息矩阵进行编码。

现有一个信息矩阵 $\boldsymbol{B}=\begin{pmatrix}5&21&10\\8&7&8\\10&2&3\end{pmatrix}$,将编码信息放置在一个 3×3 矩阵 $\boldsymbol{A}=\begin{pmatrix}1&2&1\\2&5&3\\2&3&2\end{pmatrix}$ 中,$|\boldsymbol{A}|=1$,通过矩阵乘法 $\boldsymbol{AB}$,可以将信息矩阵进行"伪装"。请求出编码后的矩阵 $\boldsymbol{C}=\boldsymbol{AB}$。

解:$\boldsymbol{C}=\begin{pmatrix}1&2&1\\2&5&3\\2&3&2\end{pmatrix}\begin{pmatrix}5&21&10\\8&7&8\\10&2&3\end{pmatrix}=\begin{pmatrix}31&37&29\\80&83&69\\54&67&50\end{pmatrix}$。

例 2-6　已知 $\boldsymbol{A}=\begin{pmatrix}2&1&0\\-1&3&4\\2&1&2\end{pmatrix}$,$\boldsymbol{B}=\begin{pmatrix}2\\1\\0\end{pmatrix}$,计算 $\boldsymbol{AB}-2\boldsymbol{B}$。

解:$\boldsymbol{AB}-2\boldsymbol{B}=(\boldsymbol{A}-2\boldsymbol{I}_3)\boldsymbol{B}=\begin{pmatrix}0&1&0\\-1&1&4\\2&1&0\end{pmatrix}\begin{pmatrix}2\\1\\0\end{pmatrix}=\begin{pmatrix}1\\-1\\5\end{pmatrix}$。

回到本章最初提到的问题,若遇到线性方程组(2-1):

$$\begin{cases}a_{11}x_1+a_{12}x_2+\cdots+a_{1n}x_n=b_1\\a_{21}x_1+a_{22}x_2+\cdots+a_{2n}x_n=b_2\\\cdots\cdots\cdots\cdots\\a_{m1}x_1+a_{m2}x_2+\cdots+a_{mn}x_n=b_m\end{cases}$$

将其各系数相对位置不变,组成一个矩阵 $\boldsymbol{A}=\begin{pmatrix}a_{11}&a_{12}&\cdots&a_{1n}\\a_{21}&a_{22}&\cdots&a_{2n}\\\vdots&\vdots&&\vdots\\a_{m1}&a_{m2}&\cdots&a_{mn}\end{pmatrix}$,称为**系数矩阵**;

将未知数按顺序组成一个列向量 $\boldsymbol{X}=\begin{pmatrix}x_1\\x_2\\\vdots\\x_n\end{pmatrix}$,称为**未知数向量**;

将常数项按顺序组成一个列向量 $\boldsymbol{b}=\begin{pmatrix}b_1\\b_2\\\vdots\\b_n\end{pmatrix}$,称为**常数项向量**。

则线性方程组(2-1)可用矩阵乘法表示为 $\boldsymbol{AX}=\boldsymbol{b}$。

特别地,将系数矩阵和常数项向量合成一个矩阵,称为**增广矩阵**:

$$\overline{\boldsymbol{A}}=(\boldsymbol{A}\quad\boldsymbol{b})=\begin{pmatrix}a_{11}&a_{12}&\cdots&a_{1n}&b_1\\a_{21}&a_{22}&\cdots&a_{2n}&b_2\\\vdots&\vdots&&\vdots&\vdots\\a_{m1}&a_{m2}&\cdots&a_{mn}&b_m\end{pmatrix}$$

若将上述线性方程组改为下述形式:

$$\begin{cases}a_{11}x_1+a_{12}x_2+\cdots+a_{1n}x_n=y_1\\a_{21}x_1+a_{22}x_2+\cdots+a_{2n}x_n=y_2\\\cdots\cdots\cdots\cdots\\a_{m1}x_1+a_{m2}x_2+\cdots+a_{mn}x_n=y_m\end{cases}\tag{2-2}$$

其中:$\boldsymbol{A}=\begin{pmatrix}a_{11}&a_{12}&\cdots&a_{1n}\\a_{21}&a_{22}&\cdots&a_{2n}\\\vdots&\vdots&&\vdots\\a_{m1}&a_{m2}&\cdots&a_{mn}\end{pmatrix}$ 为系数矩阵;$\boldsymbol{X}=\begin{pmatrix}x_1\\x_2\\\vdots\\x_n\end{pmatrix}$ 和 $\boldsymbol{Y}=\begin{pmatrix}y_1\\y_2\\\vdots\\y_m\end{pmatrix}$ 为列向量。则将式(2-2)称为由 $\boldsymbol{X}$ 到 $\boldsymbol{Y}$ 的线性变换,可记为矩阵形式:

$$\boldsymbol{AX}=\boldsymbol{Y}$$

三、矩阵的转置

定义 2-6 把矩阵 $\boldsymbol{A}$ 的行依次转换成同序数的列所得到的矩阵,叫作矩阵 $\boldsymbol{A}$ 的**转置矩阵**,记作 $\boldsymbol{A}^{\mathrm{T}}$,即

若 $\boldsymbol{A}=\begin{pmatrix}a_{11}&a_{12}&\cdots&a_{1n}\\a_{21}&a_{22}&\cdots&a_{2n}\\\vdots&\vdots&&\vdots\\a_{m1}&a_{m2}&\cdots&a_{mn}\end{pmatrix}$,则 $\boldsymbol{A}^{\mathrm{T}}=\begin{pmatrix}a_{11}&a_{21}&\cdots&a_{m1}\\a_{12}&a_{22}&\cdots&a_{m2}\\\vdots&\vdots&&\vdots\\a_{1n}&a_{2n}&\cdots&a_{mn}\end{pmatrix}$。

例如,矩阵 $\boldsymbol{A}=\begin{pmatrix}1&2&3\\4&5&6\end{pmatrix}$ 的转置矩阵为 $\boldsymbol{A}^{\mathrm{T}}=\begin{pmatrix}1&4\\2&5\\3&6\end{pmatrix}$。

例 2-7 设已知矩阵 $\boldsymbol{A}=\begin{pmatrix}12&3&-5\\1&-9&4\\3&6&7\end{pmatrix}$,求 $\boldsymbol{A}^{\mathrm{T}}$ 和 $(\boldsymbol{A}^{\mathrm{T}})^{\mathrm{T}}$。

解: $\boldsymbol{A}^{\mathrm{T}}=\begin{pmatrix}12&1&3\\3&-9&6\\-5&4&7\end{pmatrix}$,$(\boldsymbol{A}^{\mathrm{T}})^{\mathrm{T}}=\begin{pmatrix}12&3&-5\\1&-9&4\\3&6&7\end{pmatrix}$。

矩阵的转置是一种运算，它满足下列运算律(假设运算都是可行的)：

(1) $(A^{T})^{T}=A$；　　(2) $(A+B)^{T}=A^{T}+B^{T}$；

(3) $(kA)^{T}=kA^{T}$ (k 为常数)；　　(4) $(AB)^{T}=B^{T}A^{T}$。

例 2-8　已知 $A=\begin{pmatrix}1&0\\2&3\\4&5\end{pmatrix}$，$B=\begin{pmatrix}2&1\\4&3\end{pmatrix}$，求 $(AB)^{T}$，$B^{T}A^{T}$。

解：

$$AB=\begin{pmatrix}1&0\\2&3\\4&5\end{pmatrix}\begin{pmatrix}2&1\\4&3\end{pmatrix}=\begin{pmatrix}2&1\\16&11\\28&19\end{pmatrix}$$

所以

$$(AB)^{T}=\begin{pmatrix}2&16&28\\1&11&19\end{pmatrix}$$

而且

$$B^{T}A^{T}=\begin{pmatrix}2&4\\1&3\end{pmatrix}\begin{pmatrix}1&2&4\\0&3&5\end{pmatrix}$$

显然 $(AB)^{T}=B^{T}A^{T}$。

定义 2-7　若 n 阶方阵 A 满足 $A^{T}=A$，则称 A 为**对称矩阵**；若满足 $A^{T}=-A$，则称 A 为**反对称矩阵**。

由定义 2-7 可知，如果 n 阶方阵 A 是对称矩阵，则 $a_{ij}=a_{ji}(i,j=1,2,\cdots,n)$；如果 n 阶方阵 A 是反对称矩阵，则 $a_{ij}=-a_{ji}$ 且 $a_{ii}=0(i,j=1,2,\cdots,n)$。

四、方阵的行列式

定义 2-8　n 阶方阵 A 的元素按照原来相对位置不变，构成的 n 阶行列式，称为方阵 A 的行列式，记作 $\det A$ 或 $|A|$，即

$$\det A=|A|=\begin{vmatrix}a_{11}&a_{12}&\cdots&a_{1n}\\a_{21}&a_{22}&\cdots&a_{2n}\\\vdots&\vdots&&\vdots\\a_{n1}&a_{n2}&\cdots&a_{nn}\end{vmatrix}$$

n 阶方阵 A、B 具有如下性质：

(1) $|A^{T}|=|A|$；

(2) $|kA|=k^{n}|A|$ (k 为常数)；

(3) $|AB|=|A||B|$。

例 2-9　已知方阵 $A=\begin{pmatrix}2&3\\-3&7\end{pmatrix}$，$B=\begin{pmatrix}2&7\\-2&4\end{pmatrix}$，求 $|AB|$。

解：$|AB| = |A||B| = \begin{vmatrix} 2 & 3 \\ -3 & 7 \end{vmatrix}\begin{vmatrix} 2 & 7 \\ -2 & 4 \end{vmatrix} = 23 \times 22 = 506$。

定义 2-9 A 为 n 阶方阵，若 $|A| \neq 0$，则称为**非奇异矩阵**；若 $|A| = 0$，则称为**奇异矩阵**。

五、方阵的幂运算

定义 2-10 若 A 是 n 阶方阵，则 A^m 是 A 的 m 次幂，即 m 个 A 相乘，其中 m 是正整数；当 $m = 0$ 时，规定 $A^m = I$。

矩阵的幂运算同样满足

$$A^pA^q = A^{p+q}\ ,\ (A^p)^q = A^{pq}$$

但有些性质不满足，如

$$(AB)^m \neq A^mB^m\ ,\ (A+B)^2 \neq A^2 + 2AB + B^2$$

第三节 逆 矩 阵

在数的乘法运算中，对于数 $a \neq 0$，总存在唯一一个数 a^{-1}，使得

$$aa^{-1} = a^{-1}a = 1$$

a^{-1} 在解方程中起到了重要作用，在解一元线性方程组 $ax = b$ 时，若 $a \neq 0$，则 $x = a^{-1}b$。

在矩阵的运算中，也能有类似计算来解决解线性方程组 $AX = B$ 和解编码矩阵等问题，下面引入逆矩阵的概念。

一、逆矩阵的概念

定义 2-11 对于 n 阶方阵 A，若有同阶方阵 B = 满足 $AB = BA = I$，则称 A 为**可逆矩阵**，且 B 为 A 的**逆矩阵**，记作 $A^{-1} = B$。

由于上述乘法结果的可交换性和对称性，也可得出 $B^{-1} = A$，也就是 A 和 B 互为逆矩阵。

定理 2-1 设 A 和 B 均为 n 阶方阵，且均可逆，则有下列性质成立：

(1) A 的逆矩阵是唯一的；

(2) A^{-1} 也可逆，且 $(A^{-1})^{-1} = A$，$|A||A^{-1}| = 1$；

(3) kA 也可逆 $(k \neq 0)$，且 $(kA)^{-1} = k^{-1}A^{-1}$；

(4) AB 也可逆，且 $(AB)^{-1} = B^{-1}A^{-1}$；

(5) A^{T} 也可逆，且 $(A^{\mathrm{T}})^{-1} = (A^{-1})^{\mathrm{T}}$。

有了上述概念,若遇到线性方程组 $AX = b$,当系数矩阵 A 可逆时,则可将方程两边同时左乘 A^{-1} ,于是

$$A^{-1}AX = A^{-1}b \Rightarrow (A^{-1}A)X = A^{-1}b \Rightarrow X = A^{-1}b$$

若需要将编码后的信息矩阵 C 进行解码,则当编码矩阵 A 可逆时,只需将 $AB = C$ 两边同时左乘编码矩阵的逆矩阵 A^{-1} ,于是

$$A^{-1}AB = A^{-1}C \Rightarrow B = A^{-1}C$$

二、矩阵可逆的判别及求法

定义 2-12　设有 n 阶方阵 A , A_{ij} 是元素 a_{ij} 的代数余子式,将方阵 A 的各元素 a_{ij} 替换成其代数余子式 A_{ij} ,再将矩阵进行转置后得到新矩阵:

$$A^* = \begin{pmatrix} A_{11} & A_{12} & \cdots & A_{1n} \\ A_{21} & A_{22} & \cdots & A_{2n} \\ \vdots & \vdots & & \vdots \\ A_{n1} & A_{n2} & \cdots & A_{nn} \end{pmatrix}^{\mathrm{T}} = \begin{pmatrix} A_{11} & A_{21} & \cdots & A_{n1} \\ A_{12} & A_{22} & \cdots & A_{n2} \\ \vdots & \vdots & & \vdots \\ A_{1n} & A_{2n} & \cdots & A_{nn} \end{pmatrix}$$

称 A^* 为方阵 A 的**伴随矩阵**。

由行列式的运算性质:

$$\sum_{j=1}^{n} a_{ij}A_{ij} = \begin{cases} 0 & (i \neq j) \\ |A| & (i = j) \end{cases}$$

可知

$$AA^* = A^*A = \begin{pmatrix} |A| & 0 & \cdots & 0 \\ 0 & |A| & & 0 \\ \vdots & \vdots & & \vdots \\ 0 & 0 & \cdots & |A| \end{pmatrix}_n = |A|I_n$$

若 $|A| \neq 0$,则

$$A\left(\frac{1}{|A|}A^*\right) = \left(\frac{1}{|A|}A^*\right)A = I_n$$

定理 2-2(逆矩阵存在定理)　n 阶方阵 A 可逆的充要条件是 $|A| \neq 0$,且当方阵 A 可逆时,有

$$A^{-1} = \frac{1}{|A|}A^*$$

逆矩阵与伴随矩阵的概念

上述定理同时给出了求逆矩阵的一个可行方法——**伴随矩阵法**。

例 2-10　矩阵 $A = \begin{pmatrix} 1 & 2 & 1 \\ 2 & 5 & 3 \\ 2 & 3 & 2 \end{pmatrix}$ 是否可逆?若可逆,则利用伴随矩阵法求 A^{-1} 。

解:首先求得 A 的各代数余子式:

$$A_{11}=1, A_{12}=2, A_{13}=-4$$
$$A_{21}=-1, A_{22}=0, A_{23}=1$$
$$A_{31}=1, A_{32}=-1, A_{33}=1$$

因为 $|A|=1$,所以

$$A^{-1}=\begin{pmatrix}1 & -1 & 1\\ 2 & 0 & -1\\ -4 & 1 & 1\end{pmatrix}$$

例 2-11 已知某信息矩阵 B 通过编码矩阵 $A=\begin{pmatrix}1 & 2 & 1\\ 2 & 5 & 3\\ 2 & 3 & 2\end{pmatrix}$ 进行编码后,得到的矩阵为 $C=\begin{pmatrix}31 & 37 & 29\\ 80 & 83 & 69\\ 54 & 67 & 50\end{pmatrix}$。请通过寻找编码矩阵的逆矩阵 A^{-1},从而求得信息矩阵 B。

解:已知 $C=AB$,且 $B=A^{-1}C$,由例 2-10 可知 $B=\begin{pmatrix}5 & 21 & 10\\ 8 & 7 & 8\\ 10 & 2 & 3\end{pmatrix}$。

第四节 矩阵的初等变换

一、矩阵的初等变换

在《九章算术》中,曾利用消元法解决线性方程组问题。下面一起来观察加减消元法变换下述三元线性方程组的过程,并观察其增广矩阵的变化特点:

$$\begin{cases}3x_1+2x_2+x_3=39\\ 2x_1+3x_2+x_3=34\\ x_1+2x_2+3x_3=26\end{cases} \qquad \overline{A}=\begin{pmatrix}3 & 2 & 1 & 39\\ 2 & 3 & 1 & 34\\ 1 & 2 & 3 & 26\end{pmatrix}$$

交换第 1 和第 3 个方程　　交换第 1 行和第 3 行

$$\begin{cases}x_1+2x_2+3x_3=26\\ 2x_1+3x_2+x_3=34\\ 3x_1+2x_2+x_3=39\end{cases} \qquad \overline{A_1}=\begin{pmatrix}1 & 2 & 3 & 26\\ 2 & 3 & 1 & 34\\ 3 & 2 & 1 & 39\end{pmatrix}$$

第 1 个方程乘 -2 加到第 2 个方程　　第 1 行乘 -2 加到第 2 行

$$\begin{cases}x_1+2x_2+3x_3=26\\ \quad -x_2-5x_3=-18\\ 3x_1+2x_2+x_3=39\end{cases} \qquad \overline{A_2}=\begin{pmatrix}1 & 2 & 3 & 26\\ 0 & -1 & -5 & -18\\ 3 & 2 & 1 & 39\end{pmatrix}$$

第 2 个方程乘 -1　　　　　　第 2 行乘 -1

$$\begin{cases} x_1 + 2x_2 + 3x_3 = 26 \\ x_2 + 5x_3 = 18 \\ 3x_1 + 2x_2 + x_3 = 39 \end{cases} \qquad \overline{A}_3 = \begin{pmatrix} 1 & 2 & 3 & 26 \\ 0 & 1 & 5 & 18 \\ 3 & 2 & 1 & 39 \end{pmatrix}$$

在上述变化过程中,观察增广矩阵的变化,对线性方程组的方程进行变换,也就是对其增广矩阵进行相应的变换,其中分别出现了交换矩阵的两行、将矩阵的某一行乘非零常数加到另一行上、矩阵某一行乘非零常数这三种变换,通过三种变换所得到的矩阵表示的线性方程组与原线性方程组具有相同的解。将这三种变换称为矩阵的初等变换,称初等变换后的矩阵与原矩阵等价。

定义 2-13　对矩阵施行下列三种变换,统称为矩阵的**初等行变换**:

(1)互换变换:将矩阵的第 i 行和第 j 行互换位置,记为 $r_i \leftrightarrow r_j$;

(2)倍乘变换:将非零常数 k 乘矩阵第 i 行所有元素,记为 kr_i;

(3)倍加变换:将矩阵第 j 行所有元素乘非零常数 k 加到第 i 行对应元素上,记为 $r_i + kr_j$。

将上述定义中的"行"变为"列",则对应了**初等列变换**,列变换用 c 表示。初等行变换和初等列变换统称为矩阵的**初等变换**。

定义 2-14　若矩阵 $\boldsymbol{A}$ 经过若干次初等变换变成矩阵 $\boldsymbol{B}$,则称矩阵 $\boldsymbol{A}$ 和 $\boldsymbol{B}$ 是等价矩阵,记为 $\boldsymbol{A} \sim \boldsymbol{B}$ 或 $\boldsymbol{A} \to \boldsymbol{B}$。

矩阵等价关系满足以下三个特征:

(1)自反性:$\boldsymbol{A} \sim \boldsymbol{A}$;

(2)对称性:若 $\boldsymbol{A} \sim \boldsymbol{B}$,则 $\boldsymbol{B} \sim \boldsymbol{A}$;

(3)传递性:若 $\boldsymbol{A} \sim \boldsymbol{B}$,$\boldsymbol{B} \sim \boldsymbol{C}$,则 $\boldsymbol{A} \sim \boldsymbol{C}$。

由上述定义可知,本节开始的几个增广矩阵互为等价矩阵,对线性方程组进行相应的方程间的变换,也就是对其增广矩阵进行对应的初等行变换。下面继续解三元线性方程组:

$$\xrightarrow[r_3 \times (-1)]{r_3 - 3r_1}$$

$$\begin{cases} x_1 + 2x_2 + 3x_3 = 26 \\ x_2 + 5x_3 = 18 \\ 4x_2 + 8x_3 = 39 \end{cases} \qquad \overline{A}_4 = \begin{pmatrix} 1 & 2 & 3 & 26 \\ 0 & 1 & 5 & 18 \\ 0 & 4 & 8 & 39 \end{pmatrix}$$

$$\xrightarrow[r_3 \times \left(-\frac{1}{12}\right)]{r_3 - 4r_2}$$

$$\begin{cases} x_1 + 2x_2 + 3x_3 = 26 & (1) \\ x_2 + 5x_3 = 18 & (2) \\ x_3 = \dfrac{11}{4} & (3) \end{cases} \qquad \overline{A}_5 = \begin{pmatrix} 1 & 2 & 3 & 26 \\ 0 & 1 & 5 & 18 \\ 0 & 0 & 1 & \dfrac{11}{4} \end{pmatrix}$$

$$\xrightarrow[r_1-3r_3]{r_2-5r_3}$$

$$\begin{cases} x_1+2x_2=\dfrac{71}{4} & (1) \\ \qquad\quad x_2=\dfrac{17}{4} & (2) \\ \qquad\quad x_3=\dfrac{11}{4} & (3) \end{cases} \qquad \overline{A}_6=\begin{pmatrix} 1 & 2 & 0 & \dfrac{71}{4} \\ 0 & 1 & 0 & \dfrac{17}{4} \\ 0 & 0 & 1 & \dfrac{11}{4} \end{pmatrix}$$

$$\xrightarrow{r_1-2r_2}$$

$$\begin{cases} x_1=\dfrac{37}{4} & (1) \\ x_2=\dfrac{17}{4} & (2) \\ x_3=\dfrac{11}{4} & (3) \end{cases} \qquad \overline{A}_7=\begin{pmatrix} 1 & 0 & 0 & \dfrac{37}{4} \\ 0 & 1 & 0 & \dfrac{17}{4} \\ 0 & 0 & 1 & \dfrac{11}{4} \end{pmatrix}$$

至此,已经找到了三元线性方程组的解,而增广矩阵也通过初等行变换,形式变得更简洁,在这个过程中出现了几个形式比较特殊的矩阵。

形如 $\overline{A}_5$、$\overline{A}_6$ 的矩阵,每一行首个非零元素下方元素均为零,且零行在最下方,这样的矩阵称为**行阶梯形矩阵**,如图 2-1 所示。

$$\overline{A}_5=\begin{pmatrix} 1 & 2 & 3 & 26 \\ 0 & 1 & 5 & 18 \\ 0 & 0 & 1 & \dfrac{11}{4} \end{pmatrix}$$

图 2-1 行阶梯形矩阵

行阶梯形矩阵可以沿着每一行首个非零元素来绘制一条"阶梯线",阶梯线以下均为零元素。

形如 $\overline{A}_7$ 的矩阵,不仅每一行首个非零元素均为 1,且其下方和上方元素均为零,零行在最下方,这样的矩阵称为行**最简形矩阵**,如图 2-2 所示。

$$\overline{A}_7=\begin{pmatrix} 1 & 0 & 0 & \dfrac{37}{4} \\ 0 & 1 & 0 & \dfrac{17}{4} \\ 0 & 0 & 1 & \dfrac{11}{4} \end{pmatrix}$$

图 2-2 行最简形矩阵

由上面的过程发现,任何矩阵都可通过初等行变换等价变为行阶梯形矩阵和行最简形矩阵。

还能对矩阵再进行简化吗？这或许就要用到列变换，下面继续对 $\overline{A}_7$ 进行初等列变换：

$$\overline{A}_7=\begin{pmatrix}1&0&0&\frac{37}{4}\\0&1&0&\frac{17}{4}\\0&0&1&\frac{11}{4}\end{pmatrix}\xrightarrow[c_4-\frac{11}{4}c_3]{c_4-\frac{37}{4}c_1,\ c_4-\frac{17}{4}c_2}\begin{pmatrix}1&0&0&0\\0&1&0&0\\0&0&1&0\end{pmatrix}=B$$

形如 $\begin{pmatrix}I&O\\O&O\end{pmatrix}$ 的矩阵称为**标准形矩阵**，其可进行类似“分块”处理。左上部分为单位矩阵，其他部分均为零元素或零矩阵形式。

例 2-12　对矩阵 $A=\begin{pmatrix}1&2&3\\4&5&6\\7&8&9\end{pmatrix}$ 进行初等变换，分别化为行阶梯形矩阵、行最简形矩阵和标准形矩阵。

解：$A=\begin{pmatrix}1&2&3\\4&5&6\\7&8&9\end{pmatrix}\xrightarrow[r_3-7r_1]{r_2-4r_1}\begin{pmatrix}1&2&3\\0&-3&-6\\0&-6&-12\end{pmatrix}$

$$\xrightarrow[r_3-r_2]{r_2\times\left(-\frac{1}{3}\right),\ r_3\times\left(-\frac{1}{6}\right)}\begin{pmatrix}1&2&3\\0&1&2\\0&0&0\end{pmatrix}=B$$

矩阵 B 即为行阶梯形矩阵。

继续对 B 进行初等行变换：

$$\begin{pmatrix}1&2&3\\0&1&2\\0&0&0\end{pmatrix}\xrightarrow{r_1-2r_2}\begin{pmatrix}1&0&-1\\0&1&2\\0&0&0\end{pmatrix}=C$$

矩阵 C 为行最简形矩阵。

对矩阵 C 继续进行初等列变换：

$$\begin{pmatrix}1&0&-1\\0&1&2\\0&0&0\end{pmatrix}\xrightarrow[c_3-2c_2]{c_3+c_1}\begin{pmatrix}1&0&0\\0&1&0\\0&0&0\end{pmatrix}=F$$

得到与 A 等价的标准形矩阵 F。

于是，可总结出定理 2-3。

定理 2-3

(1) 任意一个矩阵 $A_{m\times n}$ 总可以经过若干次初等行变换化为行阶梯形矩阵；

(2)任意一个矩阵 $A_{m\times n}$ 总可以经过若干次初等行变换化为行最简形矩阵;

(3)任意一个矩阵 $A_{m\times n}$ 总可以经过若干次初等变换(行变换和列变换)化为它的标准形 $\begin{pmatrix} I_r & O \\ O & O \end{pmatrix}_{m\times n}$,其中为 r 为行阶梯形矩阵中非零行的行数。

这个 r 在矩阵的运算中具有非常重要的地位,下面来讨论其特点及性质。

二、矩阵的秩

定义 2-15 在矩阵 $A_{m\times n}$ 中,任取 k 行 k 列($k\leqslant m,k\leqslant n$),位于这些行列交叉处的 k^2 个元素,不改变它们在 $A_{m\times n}$ 中所处的位置次序而得到的 k 阶行列式称为矩阵 $A_{m\times n}$ 的 k 阶子式。

例如,矩阵 $A=\begin{pmatrix} 1 & 2 & 3 \\ 4 & 5 & 6 \\ 7 & 8 & 9 \end{pmatrix}$ 的其中一个 1 阶子式为 $|2|$;其中一个 2 阶子式为 $\begin{vmatrix} 1 & 2 \\ 4 & 5 \end{vmatrix}$;$A$ 的 3 阶子式为 $\begin{vmatrix} 1 & 2 & 3 \\ 4 & 5 & 6 \\ 7 & 8 & 9 \end{vmatrix}$。

定义 2-16 若矩阵 A 中有一个 r 阶子式不等于零,且所有的 $r+1$ 阶子式都等于零,则称该 r 阶子式为矩阵 A 的一个最高阶非零子式。

由排列组合的方法可知,矩阵 $A_{m\times n}$ 的 k 阶子式共有 $C_m^k \cdot C_n^k$ 个。

例 2-13 写出矩阵 $A=\begin{pmatrix} 1 & 2 & 3 \\ 0 & 1 & 2 \\ 0 & 0 & 0 \end{pmatrix}$ 的一个最高阶非零子式。

解:矩阵 A 有两个非零行和一个零行,因此若取 3 阶子式,则必取得零行,即其 3 阶子式等于零。

因此,若要保证 k 阶子式非零,则最多只能取两个非零行(第 1 行和第 2 行),也就是非零子式的最高阶为 2。可如下取得两行两列交叉元素组成 2 阶非零子式:

k 阶子式的概念

$$A=\begin{pmatrix} 1 & 2 & 3 \\ 0 & 1 & 2 \\ 0 & 0 & 0 \end{pmatrix}$$

$\begin{vmatrix} 1 & 2 \\ 0 & 1 \end{vmatrix}$ 即为其中一个非零子式。

定义 2-17　若 $m \times n$ 矩阵 $\boldsymbol{A}$ 的最高阶非零子式的阶数为 r,则称 r 为矩阵 $\boldsymbol{A}$ 的**秩**,记作 $R(\boldsymbol{A})$ 。

注意:

(1)规定零矩阵的秩为 0;

(2)若 $R(\boldsymbol{A}) = \min\{m,n\}$,则称 $\boldsymbol{A}$ 为满秩矩阵,

若 $R(\boldsymbol{A}) < \min\{m,n\}$,则称 $\boldsymbol{A}$ 为降秩矩阵;

(3) $R(\boldsymbol{A}) = R(\boldsymbol{A}^{\mathrm{T}})$ 。

由例 2-12 容易发现,行阶梯形矩阵的秩为其非零行的行数。那么如何快速确定任意矩阵的秩呢? 下面介绍定理 2-4。

定理 2-4　若 $\boldsymbol{A} \sim \boldsymbol{B}$,则 $R(\boldsymbol{A}) = R(\boldsymbol{B})$ 。

例 2-14　设 $\boldsymbol{A} = \begin{pmatrix} 1 & 1 & -2 \\ 3 & 0 & 6 \\ -4 & 2 & 5 \end{pmatrix}$,求 $R(\boldsymbol{A})$ 。

解: $\boldsymbol{A} = \begin{pmatrix} 1 & 1 & -2 \\ 3 & 0 & 6 \\ -4 & 2 & 5 \end{pmatrix} \xrightarrow[r_3+4r_1]{r_2-3r_1} \begin{pmatrix} 1 & 1 & -2 \\ 0 & -3 & 12 \\ 0 & 6 & -3 \end{pmatrix}$

$$\xrightarrow[r_3 \times \left(\frac{1}{3}\right)]{r_2 \times \left(-\frac{1}{3}\right)} \begin{pmatrix} 1 & 1 & -2 \\ 0 & 1 & -4 \\ 0 & 2 & -1 \end{pmatrix} \xrightarrow{r_3-2r_2} \begin{pmatrix} 1 & 1 & -2 \\ 0 & 1 & -4 \\ 0 & 0 & 7 \end{pmatrix}$$

矩阵的等价行阶梯形矩阵有三个非零行,因此 $R(\boldsymbol{A}) = 3$ 。

三、初等变换法求逆矩阵

上一节我们学会了用伴随矩阵法求可逆矩阵的逆矩阵,当矩阵阶数较大时,用伴随矩阵法求解的运算难度将增大,下面介绍用初等变换法求逆矩阵。

定理 2-5　n 阶方阵 $\boldsymbol{A}$ 可逆的充要条件为 $R(\boldsymbol{A}) = n$ 。

例 2-15　求方阵 $\boldsymbol{A} = \begin{pmatrix} 1 & 2 & 3 \\ 2 & 2 & 1 \\ 3 & 4 & 3 \end{pmatrix}$ 的秩,并判定其可逆性。

解: $\boldsymbol{A} = \begin{pmatrix} 1 & 2 & 3 \\ 2 & 2 & 1 \\ 3 & 4 & 3 \end{pmatrix} \xrightarrow[r_3-3r_1]{r_2-2r_1} \begin{pmatrix} 1 & 2 & 3 \\ 0 & -2 & -5 \\ 0 & -2 & -6 \end{pmatrix} \xrightarrow[r_3\times(-1)]{r_3-r_2} \begin{pmatrix} 1 & 2 & 3 \\ 0 & -2 & -5 \\ 0 & 0 & 1 \end{pmatrix}$

$R(\boldsymbol{A}) = 3$,因此矩阵 $\boldsymbol{A}$ 是可逆矩阵。

定理 2-6　n 阶可逆方阵 $\boldsymbol{A}$ 可进行若干次初等变换变换为单位矩阵 $\boldsymbol{I}$,且同阶单位矩阵 $\boldsymbol{I}$ 经过相同的初等变换将变换为 $\boldsymbol{A}^{-1}$,即 $(\boldsymbol{A} \mid \boldsymbol{I}) \to (\boldsymbol{I} \mid \boldsymbol{A}^{-1})$ 。

例 2-16 已知矩阵 $A=\begin{pmatrix}1&2&3\\2&2&1\\3&4&3\end{pmatrix}$,利用初等变换法求逆矩阵。

解:$$(A|I)=\left(\begin{array}{ccc|ccc}1&2&3&1&0&0\\2&2&1&0&1&0\\3&4&3&0&0&1\end{array}\right)\xrightarrow[r_3-3r_1]{r_2-2r_1}\left(\begin{array}{ccc|ccc}1&2&3&1&0&0\\0&-2&-5&-2&1&0\\0&-2&-6&-3&0&1\end{array}\right)$$

$$\xrightarrow[r_3\times(-1)]{r_3-r_2}\left(\begin{array}{ccc|ccc}1&2&3&1&0&0\\0&-2&-5&-2&1&0\\0&0&1&1&1&-1\end{array}\right)$$

$$\xrightarrow[r_1-3r_3]{r_2+5r_3}\left(\begin{array}{ccc|ccc}1&2&0&-2&-3&3\\0&-2&0&3&6&-5\\0&0&1&1&1&-1\end{array}\right)$$

观察与矩阵 A 等价的行阶梯形矩阵发现,$R(A)=3$,因此 A 可逆,继续求其逆矩阵:

$$\xrightarrow[r_2\times\left(-\frac{1}{2}\right)]{r_1+r_2}\left(\begin{array}{ccc|ccc}1&0&0&1&3&-2\\0&1&0&-\frac{3}{2}&-3&\frac{5}{2}\\0&0&1&1&1&-1\end{array}\right)$$

$$A^{-1}=\begin{pmatrix}1&3&-2\\-\frac{3}{2}&-3&\frac{5}{2}\\1&1&-1\end{pmatrix}$$

第五节 解线性方程组

在前面利用加减消元法的思路来解线性方程组的过程中发现,对增广矩阵作初等行变换将其变换为行最简形矩阵后,能简明地观察出解的结果,用加减消元法解决线性方程组的思路是高斯消元法的特殊情况。本节将详细讨论高斯消元法的更多情况。

一、线性方程组的相关概念

定义 2-18 对于线性方程组

$$AX=b\text{ 或 }\begin{cases}a_{11}x_1+a_{12}x_2+\cdots+a_{1n}x_n=b_1\\a_{21}x_1+a_{22}x_2+\cdots+a_{2n}x_n=b_2\\\cdots\cdots\cdots\cdots\\a_{m1}x_1+a_{m2}x_2+\cdots+a_{mn}x_n=b_m\end{cases}$$

当 $\boldsymbol{b} \neq \boldsymbol{0}$ 时,称为**非齐次线性方程组**;当 $\boldsymbol{b} = \boldsymbol{0}$ 时,称为**齐次线性方程组**,即

$$\boldsymbol{AX} = \boldsymbol{0} \text{ 或} \begin{cases} a_{11}x_1 + a_{12}x_2 + \cdots + a_{1n}x_n = 0 \\ a_{21}x_1 + a_{22}x_2 + \cdots + a_{2n}x_n = 0 \\ \cdots\cdots\cdots\cdots \\ a_{m1}x_1 + a_{m2}x_2 + \cdots + a_{mn}x_n = 0 \end{cases} \tag{2-3}$$

当系数矩阵相等时,齐次线性方程组称为非齐次线性方程组的**导出组**,即 $\boldsymbol{AX} = \boldsymbol{0}$ 为 $\boldsymbol{AX} = \boldsymbol{b}$ 的导出组。

设列向量 $\boldsymbol{S} = (s_1 \quad s_2 \quad \cdots \quad s_n)^{\mathrm{T}}$,如果令 $x_1 = s_1, x_2 = s_2, \cdots, x_n = s_n$,就使得方程组(2-1)成立,则称向量 $\boldsymbol{S}$ 为线性方程组的一个**解**(或**解向量**)。若向量 $\boldsymbol{S}$ 每一个元素的值都是确定的,则称之为**特解**。

显然,零向量 $\boldsymbol{S}_n = (0 \quad 0 \quad \cdots \quad 0)^{\mathrm{T}}$ 必为齐次线性方程组的解,称为**零解**(或**平凡解**);而当齐次线性方程组的解不全为零时,称为**非零解**(或**非平凡解**)。

若线性方程组(2-1)有解,则将其解的全体构成的集合,称为**解集**;线性方程组全体解的表达式称为该线性方程组的**通解**。

二、高斯消元法解线性方程组

高斯消元法解齐次线性方程组 $\boldsymbol{AX} = \boldsymbol{0}$ 的常规步骤如下:

①对系数矩阵进行初等行变换,变换为行最简形矩阵 $\boldsymbol{A}_1$;

②当 $R(\boldsymbol{A}_1) = n$ 时,齐次线性方程组有唯一解,该解为零解,当 $R(\boldsymbol{A}_1) < n$ 时,齐次线性方程组有非零解;

③确定矩阵 $\boldsymbol{A}_1$ 非零行的行数 k,以及每一行首个非零元素对应的未知量,其余未知量记为**自由未知量**,其个数为 $n - k$;

④分别记自由未知量为 $c_1, c_2, \cdots, c_{n-k}$,利用 $c_1, c_2, \cdots, c_{n-k}$ 来解析表达所有未知量。

例 2-17　求齐次线性方程组

$$\begin{cases} x_1 + 2x_2 + x_3 - x_4 = 0 \\ 3x_1 + 6x_2 - x_3 - 3x_4 = 0 \\ 5x_1 + 10x_2 + x_3 - 5x_4 = 0 \end{cases}$$

的解。

解: $$\boldsymbol{A} = \begin{pmatrix} 1 & 2 & 1 & -1 \\ 3 & 6 & -1 & -3 \\ 5 & 10 & 1 & -5 \end{pmatrix} \xrightarrow[r_3 - 5r_1]{r_2 - 3r_1} \begin{pmatrix} 1 & 2 & 1 & -1 \\ 0 & 0 & -4 & 0 \\ 0 & 0 & -4 & 0 \end{pmatrix}$$

$$\xrightarrow[r_2 \times \left(-\frac{1}{4}\right)]{r_3 - r_2} \begin{pmatrix} 1 & 2 & 1 & -1 \\ 0 & 0 & 1 & 0 \\ 0 & 0 & 0 & 0 \end{pmatrix} \xrightarrow{r_1 - r_2} \begin{pmatrix} 1 & 2 & 0 & -1 \\ 0 & 0 & 1 & 0 \\ 0 & 0 & 0 & 0 \end{pmatrix} = \boldsymbol{A}_1$$

可知 $R(\boldsymbol{A})=2<4$，故方程组有非零解，且有两个自由未知量。

将新系数矩阵对应的线性方程组展开：

$$\begin{cases}x_1+2x_2-x_4=0\\ x_3=0\end{cases}$$

取 x_2,x_4 为自由未知量（一般取行最简形矩阵非零行的第一个非零元素对应的未知量为非自由的），令 $x_2=c_1,x_4=c_2$，则方程组的全部解（通解）为

$$\begin{cases}x_1=-2c_1+c_2\\ x_2=c_1\\ x_3=0\\ x_4=c_2\end{cases}\quad(c_1,c_2\text{ 为任意常数})$$

或写成解向量形式：

$$\begin{pmatrix}x_1\\x_2\\x_3\\x_4\end{pmatrix}=\begin{pmatrix}-2c_1+c_2\\c_1\\0\\c_2\end{pmatrix}=\begin{pmatrix}-2\\1\\0\\0\end{pmatrix}c_1+\begin{pmatrix}1\\0\\0\\1\end{pmatrix}c_2\quad(c_1,c_2\text{ 为任意常数})$$

高斯消元法解非齐次线性方程组 $\boldsymbol{AX}=\boldsymbol{b}$ 的常规步骤如下：

①对增广矩阵 $\overline{\boldsymbol{A}}$ 进行初等行变换，变换为行最简形矩阵 $\overline{\boldsymbol{A}}$；

②确定矩阵 $\overline{\boldsymbol{A}}$ 非零行的行数 k，以及每一行首个非零元素对应的未知量，其余未知量记为**自由未知量**，其个数为 $n-k$；

③分别记自由未知量为 $c_1,c_2,\cdots,c_{n-k}$，利用自由未知量来解析表达所有未知量；

④最终写出通解。

例 2-18 求非齐次线性方程组

$$\begin{cases}x_1+2x_2+x_3-x_4=2\\ 3x_1+6x_2-x_3-3x_4=2\\ 5x_1+10x_2+x_3-5x_4=6\end{cases}$$

的解。

解：

$$\overline{\boldsymbol{A}}=\begin{pmatrix}1&2&1&-1&2\\3&6&-1&-3&2\\5&10&1&-5&6\end{pmatrix}\xrightarrow[r_3-5r_1]{r_2-3r_1}\begin{pmatrix}1&2&1&-1&2\\0&0&-4&0&-4\\0&0&-4&0&-4\end{pmatrix}$$

$$\xrightarrow[r_2\times\left(-\frac{1}{4}\right)]{r_3-r_2}\begin{pmatrix}1&2&1&-1&2\\0&0&1&0&1\\0&0&0&0&0\end{pmatrix}\xrightarrow{r_1-r_2}\begin{pmatrix}1&2&0&-1&1\\0&0&1&0&1\\0&0&0&0&0\end{pmatrix}=\overline{\boldsymbol{A}}_1$$

展开增广矩阵 $\overline{\boldsymbol{A}}_1$ 对应的线性方程组：

$$\begin{cases}x_1+2x_2-x_4=1\\x_3=1\end{cases}$$

取 x_2,x_4 为自由未知量,令 $x_2=c_1,x_4=c_2$,则方程组的全部解(通解)为

$$\begin{cases}x_1=-2c_1+c_2+1\\x_2=c_1\\x_3=1\\x_4=c_2\end{cases}\quad(c_1,c_2\text{为任意常数})$$

或写成解向量形式:

$$\begin{pmatrix}x_1\\x_2\\x_3\\x_4\end{pmatrix}=\begin{pmatrix}-2c_1+c_2+1\\c_1\\1\\c_2\end{pmatrix}=\begin{pmatrix}-2\\1\\0\\0\end{pmatrix}c_1+\begin{pmatrix}1\\0\\0\\1\end{pmatrix}c_2+\begin{pmatrix}1\\0\\1\\0\end{pmatrix}$$

(c_1,c_2 为任意常数)

容易发现,例 2-17 的方程组是例 2-18 的方程组的导出组,进一步观察例 2-18 方程组的解的结构:

$\begin{pmatrix}-2\\1\\0\\0\end{pmatrix}c_1+\begin{pmatrix}1\\0\\0\\1\end{pmatrix}c_2$ 为对应导出组(例 2-17 的方程组)的通解;$\begin{pmatrix}1\\0\\1\\0\end{pmatrix}$ 为例 2-18 方程组的一个特解。

因此,非齐次线性方程组的解可以看作“**导出组通解 + 方程组特解**”的结构。

*三、线性方程组解的情况讨论

齐次线性方程组恒有零解,如何判定其只有零解或有非零解?下列两个系数矩阵 $\boldsymbol{A}_1,\boldsymbol{A}_2$ 分别对应了不同的三元齐次线性方程组,观察其秩的特点:

$$\boldsymbol{A}_1=\begin{pmatrix}1&0&0\\0&1&0\\0&0&1\\0&0&0\end{pmatrix}\qquad\qquad \boldsymbol{A}_2=\begin{pmatrix}1&0&2\\0&1&-3\\0&0&0\\0&0&0\end{pmatrix}$$

唯一解　　　　　　　　无穷多个解

$R(\boldsymbol{A}_1)=3$　　　　　　　　$R(\boldsymbol{A}_2)=2<3$

定理 2-7　设齐次线性方程组 $\boldsymbol{AX}=\boldsymbol{0}$ 的系数矩阵为 $\boldsymbol{A}_{m\times n}$:

(1)当 $R(\boldsymbol{A})=n$ 时,方程组有唯一解;

(2)当 $R(\boldsymbol{A}) < n$ 时,方程组有非零解。

例 2-19 齐次线性方程组 $\begin{cases} x_1 - x_2 + 5x_3 = 0 \\ x_1 + x_2 - 2x_3 = 0 \\ 3x_1 - x_2 + 8x_3 = 0 \end{cases}$ 是否有非零解?若有,求其通解。

解线性方程组

解: $\boldsymbol{A} \xrightarrow[r_3 - 3r_1]{r_2 - r_1} \begin{pmatrix} 1 & -1 & 5 \\ 0 & 2 & -7 \\ 0 & 2 & -7 \end{pmatrix} \xrightarrow{r_3 - r_2} \begin{pmatrix} 1 & -1 & 5 \\ 0 & 2 & -7 \\ 0 & 0 & 0 \end{pmatrix}$

可知 $R(\boldsymbol{A}) = 2 < 3$,所以方程组有非零解。又

$$\begin{pmatrix} 1 & -1 & 5 \\ 0 & 2 & -7 \\ 0 & 0 & 0 \end{pmatrix} \xrightarrow[r_1 + r_2]{r_2 \times \frac{1}{2}} \begin{pmatrix} 1 & 0 & \frac{3}{2} \\ 0 & 1 & -\frac{7}{2} \\ 0 & 0 & 0 \end{pmatrix}$$

故令 $x_3 = c$,则方程组的通解为 $\begin{pmatrix} x_1 \\ x_2 \\ x_3 \end{pmatrix} = \begin{pmatrix} -\frac{3}{2}c \\ \frac{7}{2}c \\ c \end{pmatrix}$,其中 $c \in \mathbf{R}$。

思考: 非齐次线性方程组是否都有解呢?如何判定非齐次线性方程组有解?若有解,如何判定其解的情况。

下列三个增广矩阵分别对应三个不同的线性方程组,确定各线性方程组解的情况,并观察增广矩阵和其对应系数矩阵的秩的特点:

$$\overline{\boldsymbol{A}_1} = \begin{pmatrix} 1 & 0 & 0 & 2 \\ 0 & 1 & 0 & 1 \\ 0 & 0 & 1 & -3 \end{pmatrix}$$

唯一解

$R(\boldsymbol{A}_1) = R(\overline{\boldsymbol{A}_1}) = 3$

$$\overline{\boldsymbol{A}_2} = \begin{pmatrix} 1 & 0 & -3 & 2 \\ 0 & 1 & 2 & 1 \\ 0 & 0 & 0 & 0 \end{pmatrix}$$

无穷多个解

$R(\boldsymbol{A}_2) = R(\overline{\boldsymbol{A}_2}) = 2 < 3$

$$\overline{\boldsymbol{A}_3} = \begin{pmatrix} 1 & 0 & 0 & 2 \\ 0 & 1 & 0 & 1 \\ 0 & 0 & 0 & -3 \end{pmatrix}$$

无解

$R(\boldsymbol{A}_3) = 2 < R(\overline{\boldsymbol{A}_3}) = 3$

由上,可推广出如下结论。

定理 2-8 设非齐次线性方程组 $\boldsymbol{AX} = \boldsymbol{b}$ 的系数矩阵为 $\boldsymbol{A}_{m \times n}$,增广矩阵为 $\overline{\boldsymbol{A}} = (\boldsymbol{A} \quad \boldsymbol{b})$:

(1)若 $R(\boldsymbol{A}) < R(\overline{\boldsymbol{A}})$，则方程组无解；

(2)若 $R(\boldsymbol{A}) = R(\overline{\boldsymbol{A}})$，则方程组有解，

①当 $R(\boldsymbol{A}) = R(\overline{\boldsymbol{A}}) = n$ 时，有唯一解；

②当 $R(\boldsymbol{A}) = R(\overline{\boldsymbol{A}}) < n$ 时，有无穷多个解。

例 2-20　已知线性方程组

$$\begin{cases}\lambda x_1 + x_2 + x_3 = 1\\ x_1 + \lambda x_2 + x_3 = \lambda\\ x_1 + x_2 + \lambda x_3 = \lambda^2\end{cases}$$

问 λ 取何值时，方程组(1)无解；　(2)有唯一解；　(3)有无穷多个解？

解：

$$\overline{\boldsymbol{A}} = \begin{pmatrix}\lambda & 1 & 1 & 1\\ 1 & \lambda & 1 & \lambda\\ 1 & 1 & \lambda & \lambda^2\end{pmatrix} \xrightarrow{r_1 \leftrightarrow r_2} \begin{pmatrix}1 & \lambda & 1 & \lambda\\ \lambda & 1 & 1 & 1\\ 1 & 1 & \lambda & \lambda^2\end{pmatrix} \xrightarrow[r_3 - r_1]{r_2 - \lambda r_1}$$

$$\begin{pmatrix}1 & \lambda & 1 & \lambda\\ 0 & 1-\lambda^2 & 1-\lambda & 1-\lambda^2\\ 0 & 1-\lambda & \lambda-1 & \lambda^2-\lambda\end{pmatrix} = \overline{\boldsymbol{A}}_1$$

(1)当 $\lambda = 1$ 时，$\overline{\boldsymbol{A}}_1 = \begin{pmatrix}1 & 1 & 1 & 1\\ 0 & 0 & 0 & 0\\ 0 & 0 & 0 & 0\end{pmatrix}$，$R(\boldsymbol{A}) = R(\overline{\boldsymbol{A}}) = 1 < 3$，由无穷多个解；

(2)当 $\lambda \neq 1$ 时，

$$\overline{\boldsymbol{A}}_1 \xrightarrow[r_3 \times \frac{1}{1-\lambda}]{r_2 \times \frac{1}{1-\lambda}} \begin{pmatrix}1 & \lambda & 1 & \lambda\\ 0 & 1+\lambda & 1 & 1+\lambda\\ 0 & 1 & -1 & -\lambda\end{pmatrix} \xrightarrow{r_2 \leftrightarrow r_3} \begin{pmatrix}1 & \lambda & 1 & \lambda\\ 0 & 1 & -1 & -\lambda\\ 0 & 1+\lambda & 1 & 1+\lambda\end{pmatrix}$$

$$\xrightarrow{r_3 - (1+\lambda) r_2} \begin{pmatrix}1 & \lambda & 1 & \lambda\\ 0 & 1 & -1 & 1+\lambda\\ 0 & 0 & 2+\lambda & (1+\lambda)^2\end{pmatrix}$$

若 $\lambda + 2 = 0$，则 $R(\boldsymbol{A}) = 2 < R(\overline{\boldsymbol{A}}) = 3$，方程组无解；

若 $\lambda + 2 \neq 0$，则 $R(\boldsymbol{A}) = R(\overline{\boldsymbol{A}}) = 3$，方程组有唯一解。

综上所述，

当 $\lambda = 1$ 时，方程组有无穷多个解；

当 $\lambda = -2$ 时，方程组无解；

其他情况，方程组有唯一解。

习　题

一、选择题

1. 已知 $\boldsymbol{A}$ 是 n 阶方阵，且 $\boldsymbol{A}^2+\boldsymbol{A}-\boldsymbol{I}=\boldsymbol{O}$，$\boldsymbol{I}$ 为单位矩阵，则 $(\boldsymbol{A}+\boldsymbol{I})^{-1}=$（　　）。

A. $(\boldsymbol{A}-2\boldsymbol{I})$　　B. $(\boldsymbol{A}+2\boldsymbol{I})$　　C. $\boldsymbol{A}$　　D. $\boldsymbol{I}$

2. 设 $\boldsymbol{A},\boldsymbol{B}$ 为 n 阶方阵，且 $(\boldsymbol{A}+\boldsymbol{B})^2=\boldsymbol{A}^2+2\boldsymbol{AB}+\boldsymbol{B}^2$，则必有（　　）。

A. $\boldsymbol{A}=\boldsymbol{B}$　　B. $\boldsymbol{AB}=\boldsymbol{BA}$　　C. $\boldsymbol{A}=\boldsymbol{I}$　　D. $\boldsymbol{A}=\boldsymbol{O}$

3. 若 $\boldsymbol{A}$ 是 $m\times n$ 矩阵，$\boldsymbol{B}$ 是 $n\times m$ 矩阵，且 $m>n$，则（　　）。

A. $|\boldsymbol{AB}|\neq 0$　　B. $|\boldsymbol{AB}|=0$

C. $|\boldsymbol{BA}|\neq 0$　　D. $|\boldsymbol{BA}|=0$

4. 设 $\boldsymbol{A}$ 是 3×4 矩阵，若矩阵 $\boldsymbol{A}$ 的秩为 2，则矩阵 $\boldsymbol{A}^{\mathrm{T}}$ 的秩为（　　）。

A. 1　　B. 2　　C. 3　　D. 4

二、填空题

1. 若 n 阶方阵 $\boldsymbol{A},\boldsymbol{B},\boldsymbol{C}$ 满足 $\boldsymbol{ABC}=\boldsymbol{I}$，$\boldsymbol{I}$ 为 n 阶单位矩阵，则 $\boldsymbol{C}^{-1}=$ ________。

2. 设 $\boldsymbol{A}=\begin{pmatrix}1&1\\1&2\end{pmatrix}$，则 $\boldsymbol{A}^{-1}=$ ________。

3. 设 $\boldsymbol{A}=\begin{pmatrix}1&0&2\\0&1&1\end{pmatrix}$，$\boldsymbol{B}=\begin{pmatrix}4&3\\1&2\\2&-1\end{pmatrix}$，则 $\boldsymbol{BA}=$ ________。

三、综合题

1. 设矩阵 $\boldsymbol{A}=\begin{pmatrix}x&2\\4&y\end{pmatrix}$，$\boldsymbol{B}=\begin{pmatrix}1&z\\w&6\end{pmatrix}$，若 $\boldsymbol{A}=\boldsymbol{B}$，则 x,y,z,w 分别为多少？

2. 判断矩阵 $\boldsymbol{P}=\begin{pmatrix}1&1&1\\1&1&1\\1&1&1\end{pmatrix}$ 是否为对角矩阵。

3. 已知矩阵 $\boldsymbol{A}=\begin{pmatrix}1&1\\-1&-1\end{pmatrix}$，$\boldsymbol{B}=\begin{pmatrix}1&-1\\-1&1\end{pmatrix}$，求 $\boldsymbol{AB},\boldsymbol{BA}$。

4. 设矩阵 $\boldsymbol{A}=\begin{pmatrix}a&b\\c&d\end{pmatrix}$，$\boldsymbol{B}=\begin{pmatrix}e&f\\g&h\end{pmatrix}$，计算 $(\boldsymbol{A}+\boldsymbol{B})^{\mathrm{T}}$。

5. 已知方阵 $\boldsymbol{A}=\begin{pmatrix}a&b&c\\b&c&a\\c&a&b\end{pmatrix}$，且 $a+b+c=0$，求 $|\boldsymbol{A}|$。

6. 求矩阵 $A=\begin{pmatrix}1&2&3\\0&1&4\\0&0&1\end{pmatrix}$ 的逆矩阵。

7. 已知 A 和 B 是可逆矩阵，$A^{-1}=\begin{pmatrix}1&2\\3&4\end{pmatrix}$，$B^{-1}=\begin{pmatrix}5&6\\7&8\end{pmatrix}$，求 $(AB)^{-1}$。

8. 已知矩阵 $A=\begin{pmatrix}1&2&3\\2&4&t\\3&6&9\end{pmatrix}$，若 $R(A)=2$，求 t 的值。

9. 已知矩阵 $A=\begin{pmatrix}1&-1&1\\2&1&-1\\-1&2&-1\end{pmatrix}$，$b=\begin{pmatrix}1\\2\\-1\end{pmatrix}$，求解线性方程组 $Ax=b$。

10. 求解线性方程组 $\begin{cases}x_1-2x_2+3x_3-x_4=1\\2x_1+x_2-2x_3+3x_4=2\\3x_1-x_2+x_3+2x_4=3\end{cases}$。

11. 求解齐次线性方程组 $\begin{cases}2x_1-x_2+3x_3-x_4=0\\x_1+3x_2-2x_3+2x_4=0\\3x_1+2x_2+x_3+3x_4=0\end{cases}$。

拓展阅读

神奇的幻方

幻方（magic square）是一种将连续的自然数排列成方阵，使得每行、每列以及两个对角线上的数字之和都相等的数学问题。幻方的出现可追溯到我国古代河图洛书的出现，洛书是一个由数字 1 ~9 组成的 3×3 方阵，其排列方式如下：

4	9	2
3	5	7
8	1	6

洛书的数字排列正好是一个 3×3 的幻方，每行、每列和对角线上的数字之和都是 15。洛书是中国古代幻方的典型代表，也是最早的幻方之一。

在中华文化中，河图洛书被赋予了深厚的哲学和文化意义，被认为是宇宙和自然规律的象征。而幻方作为一种数学游戏，也被看作智慧和美学的体现。河图洛书和幻方的传承和研究，反映了中国古代数学的发展脉络，对后世的数学研究和文化传承产生了深远的影响。

幻方与线性代数有着密切的关系，可以通过线性代数的工具来分析和构造幻方。

一个 $n \times n$ 的幻方可以表示为一个矩阵 $\boldsymbol{A}_n$，其中 a_{ij} 是第 i 行第 j 列的元素。幻方的一个性质是每行、每列以及两个对角线上的元素之和(称为幻和)都是相同的。

将幻方的性质转换成线性方程组表示。例如，3 阶幻方可表示为如下形式：

$$\begin{cases} a_{11} + a_{12} + a_{13} = a_{21} + a_{22} + a_{23} = a_{31} + a_{32} + a_{33} \\ a_{11} + a_{21} + a_{31} = a_{12} + a_{22} + a_{32} = a_{13} + a_{23} + a_{33} \\ a_{11} + a_{22} + a_{33} = a_{13} + a_{22} + a_{31} \end{cases}$$

其中：a_{ij} 为幻方矩阵第 i 行第 j 列的元素。

第三章　向量组与基础解系

向量运算是线性代数的基本组成部分，可应用于解线性方程组和矩阵运算。在机器学习和数据分析等方面，同样能帮助处理数据间的距离、角度和离散程度等，助力人工智能发展。本章将学习向量组的概念、基本运算，并将极大无关组的概念应用于解线性方程组中。

第一节　向量组的概念及线性相关

在上一章学习中已经提到了向量这个特殊的矩阵表达，本节再来进一步定义向量。

一、向量组的相关概念

定义 3-1　由 n 个数 $a_1,a_2,\cdots,a_n$ 所组成的有序数组 $(a_1,a_2,\cdots,a_n)$ 或 $(a_1,a_2,\cdots,a_n)^{\mathrm{T}}$ 称为 n **维向量**，简称**向量**。a_i 称为该向量的第 i 个分量。$(a_1,a_2,\cdots,a_n)$ 称为**行向量**，$(a_1,a_2,\cdots,a_n)^{\mathrm{T}}$ 称为**列向量**。

一般用黑体的小写字母来表达列向量，如 $\boldsymbol{\alpha},\boldsymbol{\beta},\boldsymbol{\gamma},\boldsymbol{a},\boldsymbol{b}$ 。用其转置表达行向量，如 $\boldsymbol{\alpha}^{\mathrm{T}},\boldsymbol{\beta}^{\mathrm{T}},\boldsymbol{\gamma}^{\mathrm{T}},\boldsymbol{a}^{\mathrm{T}},\boldsymbol{b}^{\mathrm{T}}$ 。若不做说明，则默认向量为列向量。

向量实则为特殊的矩阵，因此向量运算符合矩阵运算的特征，在此不再赘述。

例 3-1　设 $\boldsymbol{\alpha}_1=(1,2,3)^{\mathrm{T}},\boldsymbol{\alpha}_2=(-1,-2,-3)^{\mathrm{T}}$，计算 $\boldsymbol{\alpha}_1+\boldsymbol{\alpha}_2$，$2\boldsymbol{\alpha}_1+3\boldsymbol{\alpha}_2$，并观察 $2\boldsymbol{\alpha}_1+3\boldsymbol{\alpha}_2$ 与 $\boldsymbol{\alpha}_2$ 的关系。

解： $\boldsymbol{\alpha}_1+\boldsymbol{\alpha}_2=(1,2,3)^{\mathrm{T}}+(-1,-2,-3)^{\mathrm{T}}=(0,0,0)^{\mathrm{T}}=\boldsymbol{0}$

$2\boldsymbol{\alpha}_1+3\boldsymbol{\alpha}_2=(2,4,6)^{\mathrm{T}}-(3,6,9)^{\mathrm{T}}=(-1,-2,-3)^{\mathrm{T}}=\boldsymbol{\alpha}_2$

对于矩阵 $\boldsymbol{A}_{m\times n}=(a_{ij})_{m\times n}$，若将其每一列看成一个列向量，即 $\boldsymbol{\alpha}_i=(a_{1i},a_{2i},\cdots,a_{mi})^{\mathrm{T}}$ 表示第 i 列，则矩阵可表示成

$$\boldsymbol{A}=(\boldsymbol{\alpha}_1,\boldsymbol{\alpha}_2,\cdots,\boldsymbol{\alpha}_n)$$

若将其每一行看成一个行向量，即 $\boldsymbol{\beta}_i^{\mathrm{T}}=(a_{i1},a_{i2},\cdots,a_{in})$ 表示第 i

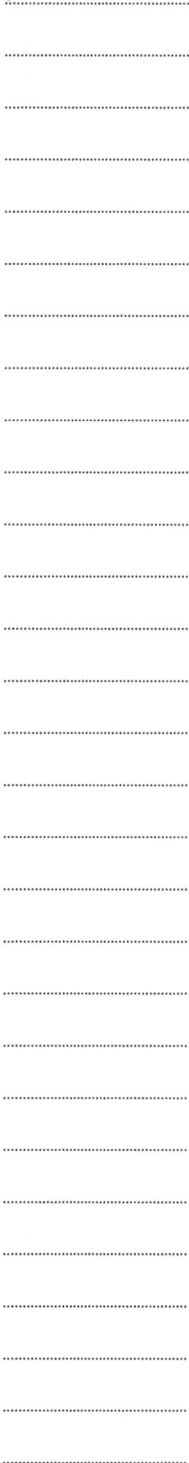

行,则矩阵可表示成

$$A=(\boldsymbol{\beta}_1,\boldsymbol{\beta}_2,\cdots,\boldsymbol{\beta}_m)^{\mathrm{T}} \text{或} A=\begin{pmatrix}\boldsymbol{\beta}_1^{\mathrm{T}}\\ \boldsymbol{\beta}_2^{\mathrm{T}}\\ \vdots\\ \boldsymbol{\beta}_m^{\mathrm{T}}\end{pmatrix}$$

形如 $\boldsymbol{\alpha}_1,\boldsymbol{\alpha}_2,\cdots,\boldsymbol{\alpha}_n$ 的若干个列向量可以组成一个含 n 个 m 维列向量的列向量组;如矩阵 $\boldsymbol{A}=(\boldsymbol{\alpha}_1,\boldsymbol{\alpha}_2,\cdots,\boldsymbol{\alpha}_n)$ 中的 $\boldsymbol{\alpha}_1,\boldsymbol{\alpha}_2,\cdots,\boldsymbol{\alpha}_n$ 称为该矩阵的**列向量组**,记为 $A:\boldsymbol{\alpha}_1,\boldsymbol{\alpha}_2,\cdots,\boldsymbol{\alpha}_n$。

形如 $\boldsymbol{\beta}_1^{\mathrm{T}},\boldsymbol{\beta}_2^{\mathrm{T}},\cdots,\boldsymbol{\beta}_m^{\mathrm{T}}$ 的若干个行向量可以组成一个含 m 个 n 维行向量的行向量组;如矩阵 $\boldsymbol{A}=(\boldsymbol{\beta}_1,\boldsymbol{\beta}_2,\cdots,\boldsymbol{\beta}_m)^{\mathrm{T}}$ 中的 $\boldsymbol{\beta}_1^{\mathrm{T}},\boldsymbol{\beta}_2^{\mathrm{T}},\cdots,\boldsymbol{\beta}_m^{\mathrm{T}}$ 称为该矩阵的**行向量组**,记为 $A:\boldsymbol{\beta}_1^{\mathrm{T}},\boldsymbol{\beta}_2^{\mathrm{T}},\cdots,\boldsymbol{\beta}_m^{\mathrm{T}}$。

向量和向量组的应用非常广泛,在实际专业及生活应用中,可以通过向量来携带样本的大量特征数据。例如,某交通信号灯的某个相位(如直行、左转、右转)可组成一个相位信息向量(方向、流量),而某一区域的各交通信号灯的相位信息向量则组成了一个向量组,后续可通过对向量组的运算及特征刻画,来实时调整各个相位的绿灯时长,满足不同时段的交通需求。

定义 3-2 设向量组 $A:\boldsymbol{\alpha}_1,\boldsymbol{\alpha}_2,\cdots,\boldsymbol{\alpha}_m$ 为含 m 个 n 维向量的向量组,$\boldsymbol{\alpha}$ 为一个 n 维向量,若存在一组实数 $k_1,k_2,\cdots,k_m$,使得

$$\boldsymbol{\alpha}=k_1\boldsymbol{\alpha}_1+k_2\boldsymbol{\alpha}_2+\cdots+k_m\boldsymbol{\alpha}_m$$

则称 $\boldsymbol{\alpha}$ 为向量组 $A:\boldsymbol{\alpha}_1,\boldsymbol{\alpha}_2,\cdots,\boldsymbol{\alpha}_m$ 的**线性组合**,或称 $\boldsymbol{\alpha}$ 可由向量组 $A:\boldsymbol{\alpha}_1,\boldsymbol{\alpha}_2,\cdots,\boldsymbol{\alpha}_m$ **线性表示**,其中 $k_1,k_2,\cdots,k_m$ 称为这个线性组合的**系数**。

例如,设 $\boldsymbol{\alpha}_1=(1,2,3)^{\mathrm{T}},\boldsymbol{\alpha}_2=(-1,-2,-3)^{\mathrm{T}}$,则称 $\boldsymbol{\alpha}_3=(3,6,9)^{\mathrm{T}}=\boldsymbol{\alpha}_1-2\boldsymbol{\alpha}_2$ 可由 $\boldsymbol{\alpha}_1,\boldsymbol{\alpha}_2$ 线性表示,也称 $\boldsymbol{\alpha}_3$ 为 $\boldsymbol{\alpha}_1,\boldsymbol{\alpha}_2$ 的一个线性组合。

二、线性组合的判定及表示

观察线性方程组:

$$\begin{cases}a_{11}x_1+a_{12}x_2+\cdots+a_{1n}x_n=b_1\\ a_{21}x_1+a_{22}x_2+\cdots+a_{2n}x_n=b_2\\ \qquad\vdots\\ a_{m1}x_1+a_{m2}x_2+\cdots+a_{mn}x_n=b_m\end{cases}$$

若令 $\boldsymbol{\alpha}_i=(a_{1i},a_{2i},\cdots,a_{mi})^{\mathrm{T}}(i=1,2,\cdots,n)$,$\boldsymbol{\beta}=(b_1,b_2,\cdots,b_m)^{\mathrm{T}}$,则上述线性方程组可表示为如下向量形式:

$$x_1\boldsymbol{\alpha}_1+x_2\boldsymbol{\alpha}_2+\cdots+x_n\boldsymbol{\alpha}_n=\boldsymbol{\beta} \tag{3-1}$$

进一步分析线性方程组解的情况与向量组的特征,可得如下定理。

定理 3-1　设 $\boldsymbol{\alpha}_1,\boldsymbol{\alpha}_2,\cdots,\boldsymbol{\alpha}_m,\boldsymbol{\beta}$ 均为 n 维向量，则向量 $\boldsymbol{\beta}$ 可由向量组 $A:\boldsymbol{\alpha}_1,\boldsymbol{\alpha}_2,\cdots,\boldsymbol{\alpha}_m$ 线性表示的充要条件是线性方程组

$$x_1\boldsymbol{\alpha}_1+x_2\boldsymbol{\alpha}_2+\cdots+x_m\boldsymbol{\alpha}_m=\boldsymbol{\beta}$$

有解。

定理 3-2　设 $\boldsymbol{\alpha}_1,\boldsymbol{\alpha}_2,\cdots,\boldsymbol{\alpha}_m,\boldsymbol{\beta}$ 均为 n 维向量，则向量 $\boldsymbol{\beta}$ 可由向量组 $A:\boldsymbol{\alpha}_1,\boldsymbol{\alpha}_2,\cdots,\boldsymbol{\alpha}_m$ 线性表示的充要条件是

$$R(A)=R(\boldsymbol{\alpha}_1,\boldsymbol{\alpha}_2,\cdots,\boldsymbol{\alpha}_m)=R(\boldsymbol{\alpha}_1,\boldsymbol{\alpha}_2,\cdots,\boldsymbol{\alpha}_m,\boldsymbol{\beta})=R(A\quad\boldsymbol{\beta})$$

例 3-2　设 $\boldsymbol{\alpha}_1=(1,0,-3)^{\mathrm{T}},\boldsymbol{\alpha}_2=(-1,2,1)^{\mathrm{T}}$，判断 $\boldsymbol{\beta}=(5,-6,-9)^{\mathrm{T}}$ 是否可由向量组 $\boldsymbol{\alpha}_1,\boldsymbol{\alpha}_2$ 线性表示？若可以，请将 $\boldsymbol{\beta}$ 表示成 $\boldsymbol{\alpha}_1,\boldsymbol{\alpha}_2$ 的线性组合。

解：根据定理3-1，若线性方程组 $\boldsymbol{\alpha}_1x_1+\boldsymbol{\alpha}_2x_2=\boldsymbol{\beta}$ 有解，则 $\boldsymbol{\beta}$ 可由向量组 $\boldsymbol{\alpha}_1,\boldsymbol{\alpha}_2$ 线性表示，即对增广矩阵进行初等行变换：

$$\overline{A}=(\boldsymbol{\alpha}_1\quad\boldsymbol{\alpha}_2\quad\boldsymbol{\beta})=\begin{pmatrix}1&-1&5\\0&2&-6\\-3&1&-9\end{pmatrix}\xrightarrow[r_3+r_2]{r_3+3r_1}\begin{pmatrix}1&-1&5\\0&2&-6\\0&0&0\end{pmatrix}$$

$R(A)=R(\overline{A})=2$，方程组有解，因此 $\boldsymbol{\beta}$ 可由向量组 $\boldsymbol{\alpha}_1,\boldsymbol{\alpha}_2$ 线性表示。

已知 $x_1\,(1,0,-3)^{\mathrm{T}}+x_2\,(-1,2,1)^{\mathrm{T}}=(5,-6,-9)^{\mathrm{T}}$，用待定系数法得

$$\begin{cases}x_1-x_2=5\\2x_2=-6\\-3x_1+x_2=-9\end{cases}$$

解得 $x_1=2,x_2=-3$。

因此 $\boldsymbol{\beta}=2\boldsymbol{\alpha}_1-3\boldsymbol{\alpha}_2$。

第二节　向量组的线性相关性

在例3-2中已经发现，线性方程组解的情况及结构和向量组的线性组合有关，本节将学习向量组的线性相关性，帮助后续对线性方程组解的结构进行讨论。

一、向量组的线性相关性

定义 3-3　设向量组 $A:\boldsymbol{\alpha}_1,\boldsymbol{\alpha}_2,\cdots,\boldsymbol{\alpha}_m$ 含 m 个 n 维向量，若有不全为零的 m 个实数 $k_1,k_2,\cdots,k_m$，使得关系式

$$k_1\boldsymbol{\alpha}_1 + k_2\boldsymbol{\alpha}_2 + \cdots + k_m\boldsymbol{\alpha}_m = \mathbf{0} \tag{3-2}$$

成立,则称向量组**线性相关**;否则,称向量组**线性无关**,即当且仅当 $k_1 = k_2 = \cdots = k_m = 0$ 时,

$$k_1\boldsymbol{\alpha}_1 + k_2\boldsymbol{\alpha}_2 + \cdots + k_m\boldsymbol{\alpha}_m = \mathbf{0}$$

成立。

定理 3-3 向量组 $A:\boldsymbol{\alpha}_1,\boldsymbol{\alpha}_2,\cdots,\boldsymbol{\alpha}_m$ 线性相关的充要条件是在向量组中存在向量 $\boldsymbol{\alpha}_i$,使得 $\boldsymbol{\alpha}_i$ 是其余 $m-1$ 个向量的线性组合。

观察式(3-2),其对应了齐次线性方程组 $\boldsymbol{AX} = \mathbf{0}$,其中 $\boldsymbol{A} = (\boldsymbol{\alpha}_1, \boldsymbol{\alpha}_2,\cdots,\boldsymbol{\alpha}_m)$,因此可得如下定理。

定理 3-4 向量组 $A:\boldsymbol{\alpha}_1,\boldsymbol{\alpha}_2,\cdots,\boldsymbol{\alpha}_m$ 线性相关的充要条件是齐次线性方程组 $\boldsymbol{AX}=\mathbf{0}$ 有非零解;向量组 $A:\boldsymbol{\alpha}_1,\boldsymbol{\alpha}_2,\cdots,\boldsymbol{\alpha}_m$ 线性无关的充要条件是齐次线性方程组 $\boldsymbol{AX} = \mathbf{0}$ 只有零解;其中 $\boldsymbol{A} = (\boldsymbol{\alpha}_1,\boldsymbol{\alpha}_2,\cdots,\boldsymbol{\alpha}_m)$。

因此根据齐次线性方程组秩的特点与解的情况可得如下定理。

定理 3-5 向量组 $A:\boldsymbol{\alpha}_1,\boldsymbol{\alpha}_2,\cdots,\boldsymbol{\alpha}_m$ 构成的矩阵 $\boldsymbol{A} = (\boldsymbol{\alpha}_1,\boldsymbol{\alpha}_2,\cdots,\boldsymbol{\alpha}_m)$,

(1)若 $R(\boldsymbol{A}) < m$,则向量组线性相关;

(2)若 $R(\boldsymbol{A}) = m$,则向量组线性无关。

例 3-3 讨论向量组

$A:\boldsymbol{\alpha}_1 = (1,1,1,2)^{\mathrm{T}},\boldsymbol{\alpha}_2 = (0,2,1,3)^{\mathrm{T}},\boldsymbol{\alpha}_3 = (3,1,0,1)^{\mathrm{T}},\boldsymbol{\alpha}_4 = (2,-4,-3,-6)^{\mathrm{T}}$ 的线性相关性。

解:构建矩阵,并进行初等行变换判断其秩:

$$\boldsymbol{A} = \begin{pmatrix} 1 & 0 & 3 & 2 \\ 1 & 2 & 1 & -4 \\ 1 & 1 & 0 & -3 \\ 2 & 3 & 1 & -6 \end{pmatrix} \xrightarrow[\substack{r_3 - r_1 \\ r_4 - 2r_1}]{r_2 - r_1} \begin{pmatrix} 1 & 0 & 3 & 2 \\ 0 & 2 & -2 & -6 \\ 0 & 1 & -3 & -5 \\ 0 & 3 & -5 & -10 \end{pmatrix}$$

$$\xrightarrow[\substack{r_3 - r_2 \\ r_4 - 3r_2}]{r_2 \times \frac{1}{2}} \begin{pmatrix} 1 & 0 & 3 & 2 \\ 0 & 1 & -1 & -3 \\ 0 & 0 & -2 & -2 \\ 0 & 0 & -2 & -1 \end{pmatrix} \xrightarrow[r_4 + 2r_3]{r_3 \times \left(-\frac{1}{2}\right)} \begin{pmatrix} 1 & 0 & 3 & 2 \\ 0 & 1 & -1 & -3 \\ 0 & 0 & 1 & 1 \\ 0 & 0 & 0 & 1 \end{pmatrix}$$

$R(\boldsymbol{A}) = 4$,故向量组线性无关。

定理 3-6 设 $\boldsymbol{\alpha}_1,\boldsymbol{\alpha}_2,\cdots,\boldsymbol{\alpha}_m,\boldsymbol{\beta}$ 均为 n 维向量,若向量组 $A:\boldsymbol{\alpha}_1,\boldsymbol{\alpha}_2,\cdots,\boldsymbol{\alpha}_m$ 线性无关,而向量组 $B:\boldsymbol{\alpha}_1,\boldsymbol{\alpha}_2,\cdots,\boldsymbol{\alpha}_m,\boldsymbol{\beta}$ 线性相关,则 $\boldsymbol{\beta}$ 一定可由向量组 $A:\boldsymbol{\alpha}_1,\boldsymbol{\alpha}_2,\cdots,\boldsymbol{\alpha}_m$ 线性表示且表示法唯一。

二、向量组的秩与极大无关组

定义 3-4 若向量组 $A:\boldsymbol{\alpha}_1,\boldsymbol{\alpha}_2,\cdots,\boldsymbol{\alpha}_m$ 的部分组 $A_0:\boldsymbol{\alpha}_1,\boldsymbol{\alpha}_2,\cdots,\boldsymbol{\alpha}_r$ 满足:

(1)向量组 $A_0:\boldsymbol{\alpha}_1,\boldsymbol{\alpha}_2,\cdots,\boldsymbol{\alpha}_r$ 线性无关;

(2)向量组 A 的任一向量均可由向量组 A_0 线性表示，

则称向量组 A_0 是向量组 A 的一个**极大线性无关组**,简称**极大无关组**。特别地,若向量组本身线性无关,则该向量组就是自身的极大无关组;只含零向量的向量组没有极大无关组。

一个向量组的极大无关组是不唯一的,下面给出实例来探索求得向量组的一个极大无关组的常规方法。

向量组的
线性相关性

例 3-4　求向量组

$A:\boldsymbol{\alpha}_1 = (1,1,1,2)^{\mathrm{T}},\boldsymbol{\alpha}_2 = (0,2,1,3)^{\mathrm{T}},\boldsymbol{\alpha}_3 = (3,1,0,1)^{\mathrm{T}},\boldsymbol{\alpha}_4 = (2,-4,-3,-7)^{\mathrm{T}}$

的一个极大无关组,并用这个极大无关组线性表示该组中的其他向量。

解:构建矩阵,并进行初等行变换

$$\boldsymbol{A} = \begin{pmatrix} 1 & 0 & 3 & 2 \\ 1 & 2 & 1 & -4 \\ 1 & 1 & 0 & -3 \\ 2 & 3 & 1 & -7 \end{pmatrix} \rightarrow \begin{pmatrix} 1 & 0 & 0 & -1 \\ 0 & 1 & 0 & -2 \\ 0 & 0 & 1 & 1 \\ 0 & 0 & 0 & 0 \end{pmatrix} = (\boldsymbol{\beta}_1,\boldsymbol{\beta}_2,\boldsymbol{\beta}_3,\boldsymbol{\beta}_4) = \boldsymbol{B}$$

观察矩阵 $\boldsymbol{B}$ 的每一行的首个非零元素所在的列: $\boldsymbol{\beta}_1,\boldsymbol{\beta}_2,\boldsymbol{\beta}_3$ 线性无关,且 $\boldsymbol{\beta}_4$ 是向量组 $\boldsymbol{\beta}_1,\boldsymbol{\beta}_2,\boldsymbol{\beta}_3$ 的线性组合,即

$$\boldsymbol{\beta}_4 = (-1)\times\boldsymbol{\beta}_1 + (-2)\times\boldsymbol{\beta}_2 + 1\times\boldsymbol{\beta}_3$$

因此 $\boldsymbol{\beta}_1,\boldsymbol{\beta}_2,\boldsymbol{\beta}_3$ 是向量组 $\boldsymbol{\beta}_1,\boldsymbol{\beta}_2,\boldsymbol{\beta}_3,\boldsymbol{\beta}_4$ 的一个极大无关组。

对应回到矩阵 $\boldsymbol{A}$ 中取其同样序号的列向量: $\boldsymbol{\alpha}_1,\boldsymbol{\alpha}_2,\boldsymbol{\alpha}_3$ 即为向量组 A 的一个极大无关组;且其余序号的列向量的线性表示方式与矩阵中的相同序号的列向量的表示方式一致,即

$$\boldsymbol{\alpha}_4 = (-1)\times\boldsymbol{\alpha}_1 + (-2)\times\boldsymbol{\alpha}_2 + 1\times\boldsymbol{\alpha}_3$$

求向量组的一个极大无关组的一般步骤如下。

①初等行变换:将向量组 A 组成矩阵 $\boldsymbol{A}$,并通过初等行变换将矩阵变换为行最简形矩阵 $\boldsymbol{B}$ 。

②确定极大无关组:找出矩阵 $\boldsymbol{B}$ 的每一行的首个非零元素 $b_{1i_1},b_{2i_2},\cdots,b_{ri_r}$ 所在的列 $\boldsymbol{\beta}_{i_1},\boldsymbol{\beta}_{i_2},\cdots,\boldsymbol{\beta}_{i_r}$ 组成向量组 B 的一个极大无关组,并确定列号;根据列号找出矩阵 $\boldsymbol{A}$ 的相同列组成向量组 A': $\boldsymbol{\alpha}_{i_1},\boldsymbol{\alpha}_{i_2},\cdots,\boldsymbol{\alpha}_{i_r}$,即为向量组 A 的一个极大无关组。

③确定线性表示方式:若 $\boldsymbol{\beta}_j$ 是矩阵 $\boldsymbol{B}$ 的一个列向量且 $\boldsymbol{\beta}_j = k_1\boldsymbol{\beta}_{i_1} + k_2\boldsymbol{\beta}_{i_2} + \cdots + k_r\boldsymbol{\beta}_{i_r}$,则

$$\boldsymbol{\alpha}_j = k_1\boldsymbol{\alpha}_{i_1} + k_2\boldsymbol{\alpha}_{i_2} + \cdots + k_r\boldsymbol{\alpha}_{i_r}$$

例 3-5　已知向量组

$A:\boldsymbol{\alpha}_1 = (1,0,-2)^{\mathrm{T}},\boldsymbol{\alpha}_2 = (3,2,0)^{\mathrm{T}},\boldsymbol{\alpha}_3 = (-2,-1,1)^{\mathrm{T}},\boldsymbol{\alpha}_4 = (2,3,5)^{\mathrm{T}}$

找出其中一个极大无关组,并用该极大无关组线性表示其余向量。

$$\textbf{解}:A=\begin{pmatrix}1&3&-2&2\\0&2&-1&3\\-2&0&1&5\end{pmatrix}\xrightarrow{\text{初等行变换}}\begin{pmatrix}1&0&-\frac{1}{2}&-\frac{5}{2}\\0&1&-\frac{1}{2}&\frac{3}{2}\\0&0&0&0\end{pmatrix}$$

极大无关组个数为 2,可取为 $\boldsymbol{\alpha}_1,\boldsymbol{\alpha}_2$,且

$$\boldsymbol{\alpha}_3=-\frac{1}{2}\boldsymbol{\alpha}_1-\frac{1}{2}\boldsymbol{\alpha}_2,\ \boldsymbol{\alpha}_4=-\frac{5}{2}\boldsymbol{\alpha}_1+\frac{3}{2}\boldsymbol{\alpha}_2$$

定理 3-7 向量组若有多个极大无关组,则所有极大无关组含有的向量个数相同。

定义 3-5 向量组 $A:\boldsymbol{\alpha}_1,\boldsymbol{\alpha}_2,\cdots,\boldsymbol{\alpha}_m$ 的极大无关组 $A_0:\boldsymbol{\alpha}_1,\boldsymbol{\alpha}_2,\cdots,\boldsymbol{\alpha}_r$ 所含向量的个数称为向量组的**秩**,记为 $R(A)=r$ 或 $R(\boldsymbol{\alpha}_1,\boldsymbol{\alpha}_2,\cdots,\boldsymbol{\alpha}_m)=r$。

可发现,矩阵 $\boldsymbol{A}$ 的秩等于矩阵 $\boldsymbol{A}$ 行向量组的秩,同样也等于矩阵 $\boldsymbol{A}$ 列向量组的秩。

第三节 线性方程组的基础解系

前面已经发现非齐次线性方程组的通解可构造为"导出组通解 + 方程组特解"的形式,本节将结合极大无关组进一步分解线性方程组的结构。

一、齐次线性方程组解的结构

针对齐次线性方程组

$$\boldsymbol{AX}=\boldsymbol{0} \tag{3-3}$$

其中:$\boldsymbol{A}$ 为 $m\times n$ 的系数矩阵;$\boldsymbol{X}$ 为 $n\times 1$ 的未知量向量;$\boldsymbol{0}$ 为 m 维零向量。

性质 3-1 若 $\boldsymbol{X}=\boldsymbol{\xi}_1,\boldsymbol{X}=\boldsymbol{\xi}_2$ 为方程组 $\boldsymbol{AX}=\boldsymbol{0}$ 的解,则 $\boldsymbol{\xi}_1,\boldsymbol{\xi}_2$ 的线性组合 $\boldsymbol{\xi}=k_1\boldsymbol{\xi}_1+k_2\boldsymbol{\xi}_2,\boldsymbol{X}=\boldsymbol{\xi}_2$ 也是 $\boldsymbol{AX}=\boldsymbol{0}$ 的解。

定义 3-6 若齐次线性方程组 $\boldsymbol{AX}=\boldsymbol{0}$ 的解向量 $\boldsymbol{\xi}_1,\boldsymbol{\xi}_2,\cdots,\boldsymbol{\xi}_r$ 满足:

(1) $\boldsymbol{\xi}_1,\boldsymbol{\xi}_2,\cdots,\boldsymbol{\xi}_r$ 线性无关;

(2) $\boldsymbol{AX}=\boldsymbol{0}$ 的每一个解都能由 $\boldsymbol{\xi}_1,\boldsymbol{\xi}_2,\cdots,\boldsymbol{\xi}_r$ 线性表示,

则称向量组 $\boldsymbol{\xi}_1,\boldsymbol{\xi}_2,\cdots,\boldsymbol{\xi}_r$ 为齐次线性方程组的一个**基础解系**。

由极大无关组的概念及性质可知,基础解系是 $\boldsymbol{AX}=\boldsymbol{0}$ 的全部解向量所组成的向量组的一个极大无关组,也就是说,齐次线性方程组 $\boldsymbol{AX}=\boldsymbol{0}$ 的通解均可表示为

$$\boldsymbol{\xi} = k_1\boldsymbol{\xi}_1 + k_2\boldsymbol{\xi}_2 + \cdots + k_r\boldsymbol{\xi}_r \ (k_1, k_1, \cdots, k_r \text{ 为任意实数})$$

下面介绍利用极大无关组的一般求解步骤来求齐次线性方程组的基础解系及通解的方法。

定理 3-8　若齐次线性方程组 $\boldsymbol{AX} = \boldsymbol{0}$ 的系数矩阵 $\boldsymbol{A}$ 的秩 $R(\boldsymbol{A}) = r < n$，则方程组有非零解，其基础解系含 $n - r$ 个解向量（即为自由未知量的个数）。

齐次线性方程组解的结构

例 3-6　求齐次线性方程组

$$\begin{cases} x_1 - x_2 + x_3 + 2x_4 = 0 \\ 2x_1 + x_2 - 7x_3 - 5x_4 = 0 \\ x_1 + x_2 - 5x_3 - 4x_4 = 0 \end{cases}$$

的一个基础解系，并求其通解。

解：
$$\begin{matrix} x_1 & x_2 & x_3 & x_4 \end{matrix} \qquad \begin{matrix} x_1 & x_2 & x_3 & x_4 \end{matrix}$$
$$\begin{pmatrix} 1 & -1 & 1 & 2 \\ 2 & 1 & -7 & -5 \\ 1 & 1 & -5 & -4 \end{pmatrix} \xrightarrow{\text{初等行变换}} \begin{pmatrix} 1 & 0 & -2 & -1 \\ 0 & 1 & -3 & -3 \\ 0 & 0 & 0 & 0 \end{pmatrix}$$

可将 x_3, x_4 作为自由未知量，令 $\begin{pmatrix} x_3 \\ x_4 \end{pmatrix}$ 分别为 $\begin{pmatrix} 1 \\ 0 \end{pmatrix}$，$\begin{pmatrix} 0 \\ 1 \end{pmatrix}$，代入线性方程组得特解

$$\boldsymbol{\xi}_1 = \begin{pmatrix} 2 \\ 3 \\ 1 \\ 0 \end{pmatrix}, \boldsymbol{\xi}_2 = \begin{pmatrix} 1 \\ 3 \\ 0 \\ 1 \end{pmatrix}$$

$\boldsymbol{\xi}_1, \boldsymbol{\xi}_2$ 为方程组的一个基础解系，因此方程组的通解为

$$\boldsymbol{\xi} = k_1\boldsymbol{\xi}_1 + k_2\boldsymbol{\xi}_2 \ (k_1, k_2 \text{ 为任意实数})$$

利用基础解系求解齐次线性方程组的一般步骤如下。

①确定自由未知量：利用初等行变换将系数矩阵变换为行最简形矩阵，并确定每一行的首个非零元素所在列及非零行行数 r，则其余列所对应的未知量即为自由未知量 $x_{i_1}, x_{i_2}, \cdots, x_{i_{n-r}}$。

②确定基础解系：分别令

$$\begin{pmatrix} x_{i_1} \\ x_{i_2} \\ \vdots \\ x_{i_{n-r}} \end{pmatrix} = \begin{pmatrix} 1 \\ 0 \\ \vdots \\ 0 \end{pmatrix}, \begin{pmatrix} 0 \\ 1 \\ \vdots \\ 0 \end{pmatrix}, \cdots, \begin{pmatrix} 0 \\ 0 \\ \vdots \\ 1 \end{pmatrix}$$

求得对应的特解 $\boldsymbol{\xi}_1, \boldsymbol{\xi}_2, \cdots, \boldsymbol{\xi}_{n-r}$。

③构造通解：齐次线性方程组的通解为

$$\boldsymbol{\xi} = k_1\boldsymbol{\xi}_1 + k_2\boldsymbol{\xi}_2 + \cdots + k_{n-r}\boldsymbol{\xi}_{n-r} \ (k_1, k_1, \cdots, k_{n-r} \text{ 为任意实数})$$

二、非齐次线性方程组解的结构

由上一章中的例 2-18 和例 2-17 的解的关系可得出以下定理。

定理 3-9 非齐次线性方程组 $\boldsymbol{AX}=\boldsymbol{b}$ 的一个特解为 $\boldsymbol{\eta}^*$，其导出组的通解为 $\boldsymbol{\xi}=k_1\boldsymbol{\xi}_1+k_2\boldsymbol{\xi}_2+\cdots+k_{n-r}\boldsymbol{\xi}_{n-r}$，则非齐次线性方程组的通解可表示为

$$\boldsymbol{X}=\boldsymbol{\xi}+\boldsymbol{\eta}$$

其中：$\boldsymbol{\xi}_1,\boldsymbol{\xi}_2,\cdots,\boldsymbol{\xi}_{n-r}$ 为导出组的一个基础解系。

例 3-7 求解线性方程组 $\begin{cases}2x_1+x_2-x_3+x_4=1\\x_1+2x_2+x_3-x_4=2\\x_1+x_2+2x_3+x_4=3\end{cases}$。

解：对其增广矩阵进行初等行变换：

$$(\boldsymbol{A}\,|\,\boldsymbol{b})\xrightarrow{\text{初等行变换}}(\boldsymbol{A}_1\,|\,\boldsymbol{b}_1)$$

$$\left(\begin{array}{cccc|c}2&1&-1&1&1\\1&2&1&-1&2\\1&1&2&1&3\end{array}\right)\xrightarrow{\text{初等行变换}}\left(\begin{array}{cccc|c}1&0&0&\frac{3}{2}&1\\0&1&0&-\frac{3}{2}&0\\0&0&1&\frac{1}{2}&1\end{array}\right)$$

令 $x_4=1$，则导出组的基础解系为 $\boldsymbol{\xi}_1=\begin{pmatrix}-\frac{3}{2}\\\frac{3}{2}\\-\frac{1}{2}\\1\end{pmatrix}$，

导出组的通解为 $\boldsymbol{\xi}=k\begin{pmatrix}-\frac{3}{2}\\\frac{3}{2}\\-\frac{1}{2}\\1\end{pmatrix}$（$k$ 为任意实数）。

令 $x_4=0$，非齐次线性方程组的一个特解为

$$\boldsymbol{\eta}=\begin{pmatrix}1\\0\\1\\1\end{pmatrix}$$

因此，非齐次线性方程组的通解为

非齐次线性方程组解的结构

$$X = k\boldsymbol{\xi} + \boldsymbol{\eta} = k\begin{pmatrix} -\frac{3}{2} \\ \frac{3}{2} \\ -\frac{1}{2} \\ 1 \end{pmatrix} + \begin{pmatrix} 1 \\ 0 \\ 1 \\ 1 \end{pmatrix} \quad (k \text{ 为任意实数})$$

利用基础解系求解非齐次线性方程组的一般步骤如下。

①确定自由未知量：利用初等行变换将增广矩阵变换为行最简形矩阵，并确定每一行的首个非零元素所在列及非零行行数 r，则其余列所对应的未知量即为自由未知量 $x_{i_1}, x_{i_2}, \cdots, x_{i_{n-r}}$。

②确定导出组的通解：观察系数矩阵，分别令

$$\begin{pmatrix} x_{i_1} \\ x_{i_2} \\ \vdots \\ x_{i_{n-r}} \end{pmatrix} = \begin{pmatrix} 1 \\ 0 \\ \vdots \\ 0 \end{pmatrix}, \begin{pmatrix} 0 \\ 1 \\ \vdots \\ 0 \end{pmatrix}, \cdots, \begin{pmatrix} 0 \\ 0 \\ \vdots \\ 1 \end{pmatrix}$$

求得对应的特解 $\boldsymbol{\xi}_1, \boldsymbol{\xi}_2, \cdots, \boldsymbol{\xi}_{n-r}$，导出组的通解为

$$\boldsymbol{\xi} = k_1\boldsymbol{\xi}_1 + k_2\boldsymbol{\xi}_2 + \cdots + k_{n-r}\boldsymbol{\xi}_{n-r} \quad (k_1, k_1, \cdots, k_{n-r} \text{ 为任意实数})$$

③求解非齐次线性方程组的特解：

令 $\begin{pmatrix} x_{i_1} \\ x_{i_2} \\ \vdots \\ x_{i_{n-r}} \end{pmatrix} = \begin{pmatrix} 0 \\ 0 \\ \vdots \\ 0 \end{pmatrix}$，求得特解 $\boldsymbol{\eta}$。

④构造非齐次线性方程组的通解：

$$X = k\boldsymbol{\xi} + \boldsymbol{\eta}$$

例 3-8　求解线性方程组 $\begin{cases} x_1 + x_2 - 3x_3 - x_4 = 1 \\ 3x_1 - x_2 - 3x_3 + 4x_4 = 4 \\ x_1 + 5x_2 - 9x_3 - 8x_4 = 0 \end{cases}$。

解：

$$(\boldsymbol{A} \mid \boldsymbol{b}) \xrightarrow{\text{初等行变换}} (\boldsymbol{A}_1 \mid \boldsymbol{b}_1)$$

$$\left(\begin{array}{cccc|c} 1 & 1 & -3 & -1 & 1 \\ 3 & -1 & -3 & 4 & 4 \\ 1 & 5 & -9 & -8 & 0 \end{array}\right) \xrightarrow{\text{初等行变换}} \left(\begin{array}{cccc|c} 1 & 0 & -\frac{3}{2} & \frac{3}{4} & \frac{5}{4} \\ 0 & 1 & -\frac{3}{2} & -\frac{7}{4} & -\frac{1}{4} \\ 0 & 0 & 0 & 0 & 0 \end{array}\right)$$

令 $\begin{pmatrix} x_3 \\ x_4 \end{pmatrix}$ 分别为 $\begin{pmatrix} 1 \\ 0 \end{pmatrix}, \begin{pmatrix} 0 \\ 1 \end{pmatrix}$，则导出组的基础解系为

$$\boldsymbol{\xi}_1 = \begin{pmatrix} \frac{3}{2} \\ \frac{3}{2} \\ 1 \\ 0 \end{pmatrix}, \boldsymbol{\xi}_2 = \begin{pmatrix} -\frac{3}{4} \\ \frac{7}{4} \\ 0 \\ 1 \end{pmatrix}$$

导出组的通解为

$\boldsymbol{\xi} = k_1\boldsymbol{\xi}_1 + k_2\boldsymbol{\xi}_2$（$k_1, k_2$ 为任意实数）

令 $\begin{pmatrix} x_3 \\ x_4 \end{pmatrix} = \begin{pmatrix} 0 \\ 0 \end{pmatrix}$,非齐次线性方程组的一个特解为

$$\boldsymbol{\eta} = \begin{pmatrix} \frac{5}{4} \\ -\frac{1}{4} \\ 0 \\ 0 \end{pmatrix}$$

因此,非齐次线性方程组的通解为

$$\boldsymbol{X} = k_1\boldsymbol{\xi}_1 + k_2\boldsymbol{\xi}_2 + \boldsymbol{\eta} = k_1\begin{pmatrix} \frac{3}{2} \\ \frac{3}{2} \\ 1 \\ 0 \end{pmatrix} + k_2\begin{pmatrix} -\frac{3}{4} \\ \frac{7}{4} \\ 0 \\ 1 \end{pmatrix} + \begin{pmatrix} \frac{5}{4} \\ -\frac{1}{4} \\ 0 \\ 0 \end{pmatrix}$$

（k_1, k_2 为任意实数）

习　　题

一、选择题

1. 设向量组 $\boldsymbol{\alpha}_1 = (1,0,0)^{\mathrm{T}}, \boldsymbol{\alpha}_2 = (0,1,0)^{\mathrm{T}}, \boldsymbol{\alpha}_3 = (0,0,1)^{\mathrm{T}}, \boldsymbol{\beta} = (1,1,1)^{\mathrm{T}}$,则向量 $\boldsymbol{\beta}$ 由向量组 $\boldsymbol{\alpha}_1, \boldsymbol{\alpha}_2, \boldsymbol{\alpha}_3$ 线性表示为(　　)。

A. $\boldsymbol{\beta} = \boldsymbol{\alpha}_1 + \boldsymbol{\alpha}_2 + \boldsymbol{\alpha}_3$　　B. $\boldsymbol{\beta} = 2\boldsymbol{\alpha}_1 + \boldsymbol{\alpha}_2 - \boldsymbol{\alpha}_3$

C. $\boldsymbol{\beta} = \boldsymbol{\alpha}_1 - \boldsymbol{\alpha}_2 + \boldsymbol{\alpha}_3$　　D. $\boldsymbol{\beta} = -\boldsymbol{\alpha}_1 + \boldsymbol{\alpha}_2 + \boldsymbol{\alpha}_3$

2. 若向量组 $\boldsymbol{\alpha}_1, \boldsymbol{\alpha}_2, \cdots, \boldsymbol{\alpha}_s$ 线性相关,则(　　)。

A. 向量组中至少有一个零向量

B. 向量组中至少有两个向量成比例

C. 向量组中至少有一个向量可由其余向量线性表示

D. 向量组中每一个向量都可由其余向量线性表示

3. 设向量组 $\boldsymbol{\alpha}_1=(1,1,1)^{\mathrm{T}},\boldsymbol{\alpha}_2=(1,2,3)^{\mathrm{T}},\boldsymbol{\alpha}_3=(1,3,t)^{\mathrm{T}}$ 线性相关,则 t 的值为(　　)。

A. 4　　B. 5　　C. 6　　D. 7

4. 设非齐次线性方程组 $\boldsymbol{Ax}=\boldsymbol{b}$,$\boldsymbol{A}$ 为 $n\times n$ 矩阵,若 $\boldsymbol{A}$ 的列向量组线性相关,则(　　)。

A. $\boldsymbol{Ax}=\boldsymbol{b}$ 有无穷多个解　　B. $\boldsymbol{Ax}=\boldsymbol{b}$ 可能无解

C. $\boldsymbol{Ax}=\boldsymbol{b}$ 有唯一解　　D. $\boldsymbol{Ax}=\boldsymbol{b}$ 只有零解

二、填空题

1. 设齐次线性方程组 $\boldsymbol{Ax}=\boldsymbol{0}$ 的系数矩阵 $\boldsymbol{A}$ 的秩 $R(\boldsymbol{A})=n-2$,n 是未知量的个数,则方程组的基础解系所含向量的个数是________。

2. 设 $\boldsymbol{A}$ 是 4×5 矩阵, $R(\boldsymbol{A})=3$,则齐次线性方程组 $\boldsymbol{Ax}=\boldsymbol{0}$ 的基础解系所含向量个数是________。

3. 已知向量组 $\boldsymbol{\alpha}_1=(1,2,3)^{\mathrm{T}},\boldsymbol{\alpha}_2=(2,-1,4)^{\mathrm{T}},\boldsymbol{\alpha}_3=(3,k,7)^{\mathrm{T}}$ 线性相关,则 $k=$ ________。

三、综合题

1. 已知向量组 $\boldsymbol{\alpha}_1=(1,1,1)^{\mathrm{T}},\boldsymbol{\alpha}_2=(1,2,3)^{\mathrm{T}},\boldsymbol{\alpha}_3=(1,3,5)^{\mathrm{T}},\boldsymbol{\beta}=(3,5,7)^{\mathrm{T}}$,请将 $\boldsymbol{\beta}$ 表示成 $\boldsymbol{\alpha}_1,\boldsymbol{\alpha}_2,\boldsymbol{\alpha}_3$ 的线性组合。

2. 设向量组 $\boldsymbol{\alpha}_1=(1,-1,2,4)^{\mathrm{T}},\boldsymbol{\alpha}_2=(0,3,1,2)^{\mathrm{T}},\boldsymbol{\alpha}_3=(3,0,7,14)^{\mathrm{T}},\boldsymbol{\alpha}_4=(1,-1,2,0)^{\mathrm{T}}$,判断向量组的线性相关性,并求其一个极大无关组。

3. 求下列齐次线性方程组的基础解系和通解:

(1) $\begin{cases}x_1+3x_2+2x_3=0\\x_1+5x_2+x_3=0\\3x_1+5x_2+8x_3=0\end{cases}$;　　(2) $\begin{cases}x_1+2x_2-x_3+3x_4=0\\2x_1+4x_2+x_3+2x_4=0\\3x_1+6x_2-x_3+7x_4=0\end{cases}$;

(3) $\begin{cases}x_1-x_2+5x_3-x_4=0\\x_1+x_2-2x_3+3x_4=0\\3x_1-x_2+8x_3+x_4=0\\x_1+3x_2-9x_3+7x_4=0\end{cases}$;　　(4) $\begin{cases}x_1+2x_2+2x_4=0\\-2x_1-5x_2+x_3-x_4=0\\-3x_2+3x_3+4x_4=0\\3x_1+6x_2-7x_4=0\end{cases}$。

4. 求下列非齐次线性方程组的基础解系和通解:

(1) $\begin{cases}x_1+x_2+2x_3=1\\2x_1-x_2+2x_3=4\\x_1-2x_2=3\end{cases}$;　　(2) $\begin{cases}2x_1+x_2-x_3+x_4=1\\4x_1+2x_2-2x_3+x_4=2\\2x_1+x_2-x_3-x_4=1\end{cases}$;

(3) $\begin{cases}x_1-2x_2+x_3+x_4=1\\x_1-2x_2+x_3-x_4=-1\\x_1-2x_2+x_3+x_4=5\end{cases}$;　　(4) $\begin{cases}x_1+2x_2+3x_3-x_4=1\\3x_1+2x_2+x_3-x_4=1\\2x_1+3x_2+x_3+x_4=5\end{cases}$。

拓展阅读

北斗系统的定位导航原理与线性方程组

北斗卫星导航系统(简称北斗系统)由空间段、地面段和用户段三部分组成,可在全球范围内全天候、全天时为各类用户提供高精度、高可靠的定位、导航、授时服务,并且具备短报文通信能力。经过多年发展,北斗系统已成为面向全球用户提供全天候、全天时、高精度的定位、导航与授时服务的重要新型基础设施。

北斗系统的定位原理是通过测量已知位置的卫星与用户接收机之间的距离,再结合多颗卫星的数据,来确定接收机的具体位置。具体来说,接收机通过接收卫星发射的信号,测量信号的传播时间,然后根据信号在空间中的传播速度与传播时间的乘积计算出卫星与接收机之间的距离。当接收机接收到至少四颗卫星的信号时,就可以利用三角定位原理来确定自身的位置。通过与四颗卫星的距离信息,可以组成四个方程,解出接收机的三维坐标(经度、纬度、高程)。下面,将三角定位原理简化,来看看其中的线性代数原理。

假设路上有一辆行驶的汽车,其坐标为 (x,y,z) ,四颗卫星 A, B,C,D 分别位于 (a_1,b_1,c_1) ,(a_2,b_2,c_2) ,(a_3,b_3,c_3) ,(a_4,b_4,c_4) ,测出四颗卫星与汽车的距离分别为 d_1,d_2,d_3,d_4 ,由距离公式可知

$$\begin{cases}(x-a_1)^2+(y-b_1)^2+(z-c_1)^2=d_1^2 & ①\\(x-a_2)^2+(y-b_2)^2+(z-c_2)^2=d_2^2 & ②\\(x-a_3)^2+(y-b_3)^2+(z-c_3)^2=d_3^2 & ③\\(x-a_4)^2+(y-b_4)^2+(z-c_4)^2=d_4^2 & ④\end{cases} \tag{3-4}$$

通过①-②,①-③,①-④,将方程组(3-4)变换为

$$\begin{cases}(a_2-a_1)x+(b_2-b_1)y+(c_2-c_1)z=A\\(a_3-a_1)x+(b_3-b_1)y+(c_3-c_1)z=B\\(a_4-a_1)x+(b_4-b_1)y+(c_4-c_1)z=C\end{cases} \tag{3-5}$$

其中:$A=\dfrac{d_1^2-d_2^2+a_2^2-a_1^2+b_2^2-b_1^2+c_2^2-c_1^2}{2}$;

$$B=\frac{d_1^2-d_3^2+a_3^2-a_1^2+b_3^2-b_1^2+c_3^2-c_1^2}{2};$$

$$C=\frac{d_1^2-d_4^2+a_4^2-a_1^2+b_4^2-b_1^2+c_4^2-c_1^2}{2}。$$

式(3-5)为一个具备唯一解的三元非齐次线性方程组。

第四章　特征值与特征向量

前面介绍了矩阵和向量的概念、运算，以及利用矩阵解线性方程组。在实际应用中，如车牌识别、交通信号灯设计、交通流量控制等，还会对矩阵进行一种特殊的运算，来刻画矩阵的某些特征，以最大化地简洁表达矩阵所传递的信息，这就是矩阵的特征值与特征向量。

第一节　特征值与特征向量

一、特征值与特征向量的概念与计算

观察

$$\boldsymbol{A}\boldsymbol{x} = \lambda \boldsymbol{x} \tag{4-1}$$

其中：$\boldsymbol{A}$ 为 n 阶方阵；$\boldsymbol{x}$ 为 n 维非零向量；λ 为非零常数。

等式左侧 $\boldsymbol{A}\boldsymbol{x}$ 可看作对向量 $\boldsymbol{x}$ 作了线性变换，等式右侧 $\lambda\boldsymbol{x}$ 则是将向量 $\boldsymbol{x}$“拉伸”了 λ 倍(若 $\lambda < 0$，则进行反向“拉伸”)。等式成立则表明，对向量作了一类线性变换，使得变换后的向量与原向量是共线关系，保留了原向量的“方向”。

定义 4-1　设 $\boldsymbol{A}$ 是 n 阶方阵，若存在数 λ 和 n 维非零向量 $\boldsymbol{x}$，使得式(4-1)

$$\boldsymbol{A}\boldsymbol{x} = \lambda \boldsymbol{x}$$

成立，则称 λ 为方阵 $\boldsymbol{A}$ 的**特征值**，非零向量 $\boldsymbol{x}$ 称为方阵 $\boldsymbol{A}$ 对应于特征值 λ 的**特征向量**。

式(4-1)也可以写成

$$(\lambda \boldsymbol{I} - \boldsymbol{A})\boldsymbol{x} = \boldsymbol{0} \tag{4-2}$$

式(4-2)可看成以 $\lambda\boldsymbol{I} - \boldsymbol{A}$ 为系数矩阵，$\boldsymbol{x}$ 为未知量向量的齐次线性方程组。由于 $\boldsymbol{x}$ 非零，因此式(4-2)有非零解，即

$$|\lambda \boldsymbol{I} - \boldsymbol{A}| = 0 \tag{4-3}$$

定义 4-2　设 $\boldsymbol{A}$ 为 n 阶方阵，记

$$|\lambda I - A| = \begin{vmatrix} \lambda - a_{11} & \lambda - a_{12} & \cdots & \lambda - a_{1n} \\ \lambda - a_{21} & \lambda - a_{22} & \cdots & \lambda - a_{2n} \\ \vdots & \vdots & & \vdots \\ \lambda - a_{n1} & \lambda - a_{n2} & \cdots & \lambda - a_{nn} \end{vmatrix} \tag{4-4}$$

将式(4-4)展开，其展开式可看作关于 λ 的 n 次多项式 $f(\lambda)$，称为方阵 $\boldsymbol{A}$ 的**特征多项式**，记作 $f(\lambda)$；若将 λ 看作未知量，则式(4-3)可看作一元 n 次方程，称为方阵 $\boldsymbol{A}$ 的**特征方程**。

式(4-3)应有 n 个根，记为 $\lambda_1,\lambda_2,\cdots,\lambda_n$（重根按重数计算），因此 n 阶方阵恰有 n 个特征值。

定理 4-1 若 λ 是方阵 $\boldsymbol{A}$ 的特征值，

(1)其充要条件：λ 是 $\boldsymbol{A}$ 的特征方程 $f(\lambda)=0$ 的一个根；

(2) $\boldsymbol{x}$ 是对应于特征值 λ 的特征向量的充要条件：$\boldsymbol{x}$ 是齐次线性方程组 $(\lambda \boldsymbol{I}-\boldsymbol{A})\boldsymbol{x}=\boldsymbol{0}$ 的一个非零解；

(3)若 $\boldsymbol{x}_1,\boldsymbol{x}_2$ 均是 $\boldsymbol{A}$ 对应于特征值 λ 的特征向量，则 $k_1\boldsymbol{x}_1+k_2\boldsymbol{x}_2$（$k_1$，$k_2$ 不全为零）也是 $\boldsymbol{A}$ 对应于特征值 λ 的特征向量；

(4)若 $\boldsymbol{x}_1,\boldsymbol{x}_2,\cdots,\boldsymbol{x}_r$ 是 $(\lambda \boldsymbol{I}-\boldsymbol{A})\boldsymbol{x}=\boldsymbol{0}$ 的一组基础解系，则

$$k_1\boldsymbol{x}_1+k_2\boldsymbol{x}_2+\cdots+k_r\boldsymbol{x}_r \text{（}k_1,k_2,\cdots,k_r\text{ 不全为零）}$$

可表示 $\boldsymbol{A}$ 对应于特征值 λ 的全部特征向量。

例 4-1 求矩阵 $\boldsymbol{A}_1=\begin{pmatrix}1&2&2\\2&1&2\\2&2&1\end{pmatrix}$ 的特征值与特征向量。

解：(1)求特征值。

矩阵 $\boldsymbol{A}_1$ 的特征多项式为

$$|\lambda \boldsymbol{I}-\boldsymbol{A}_1| = \begin{vmatrix}\lambda-1&-2&-2\\-2&\lambda-1&-2\\-2&-2&\lambda-1\end{vmatrix} = (\lambda+1)\begin{vmatrix}\lambda-1&-3-\lambda\\-2&\lambda-1\end{vmatrix}$$

$$=(\lambda+1)^2(\lambda-5)$$

因此，特征值为 $\lambda_1=\lambda_2=-1,\lambda_3=5$。

(2)求特征向量。

根据不同特征值，解齐次线性方程组 $(\lambda \boldsymbol{I}-\boldsymbol{A}_1)\boldsymbol{x}=\boldsymbol{0}$。

当 $\lambda=-1$ 时，齐次线性方程组为

$$\begin{pmatrix}-2&-2&-2\\-2&-2&-2\\-2&-2&-2\end{pmatrix}\begin{pmatrix}\boldsymbol{x}_1\\\boldsymbol{x}_2\\\boldsymbol{x}_3\end{pmatrix}=\begin{pmatrix}0\\0\\0\end{pmatrix}$$

系数矩阵 $\begin{pmatrix}-2&-2&-2\\-2&-2&-2\\-2&-2&-2\end{pmatrix}\xrightarrow{\text{初等行变换}}\begin{pmatrix}1&1&1\\0&0&0\\0&0&0\end{pmatrix}$。

特征值与特征向量的概念与计算

令 $(x_2 \quad x_3)^T = (1 \quad 0)^T, (0 \quad 1)^T$，则基础解系为

$$\boldsymbol{\xi}_1 = (-1 \quad 1 \quad 0)^T, \boldsymbol{\xi}_2 = (-1 \quad 0 \quad 1)^T,$$

因此 $\boldsymbol{\xi} = k_1\boldsymbol{\xi}_1 + k_2\boldsymbol{\xi}_2$（$k_1, k_2$ 不全为零）为矩阵 $\boldsymbol{A}_1$ 对应于 $\lambda = -1$ 的所有特征向量。

当 $\lambda = 5$ 时，齐次线性方程组为

$$\begin{pmatrix} 4 & -2 & -2 \\ -2 & 4 & -2 \\ -2 & -2 & 4 \end{pmatrix}\begin{pmatrix} x_1 \\ x_2 \\ x_3 \end{pmatrix} = \begin{pmatrix} 0 \\ 0 \\ 0 \end{pmatrix}$$

系数矩阵 $\begin{pmatrix} 4 & -2 & -2 \\ -2 & 4 & -2 \\ -2 & -2 & 4 \end{pmatrix} \xrightarrow{\text{初等行变换}} \begin{pmatrix} 1 & 0 & -1 \\ 0 & 1 & -1 \\ 0 & 0 & 0 \end{pmatrix}$。

令 $\boldsymbol{x}_3 = 1$，则基础解系为

$$\boldsymbol{\xi}_3 = (1 \quad 1 \quad 1)^T$$

因此 $\boldsymbol{\xi} = k_3\boldsymbol{\xi}_3$（$k_3$ 不为零）为矩阵 $\boldsymbol{A}_1$ 对应于 $\lambda = 5$ 的所有特征向量。

例 4-2　求矩阵 $\boldsymbol{A}_2 = \begin{pmatrix} -1 & 1 & 0 \\ -4 & 3 & 0 \\ 1 & 0 & 2 \end{pmatrix}$ 的特征值与特征向量。

解：矩阵 $\boldsymbol{A}_2$ 的特征多项式为

$$|\lambda \boldsymbol{I} - \boldsymbol{A}_2| = \begin{vmatrix} \lambda + 1 & -1 & 0 \\ 4 & \lambda - 3 & 0 \\ -1 & 0 & \lambda - 2 \end{vmatrix} = (\lambda - 1)^2(\lambda - 2)$$

因此，特征值为 $\lambda_1 = \lambda_2 = 1, \lambda_3 = 2$。

当 $\lambda = 1$ 时，齐次线性方程组为

$$\begin{pmatrix} 2 & -1 & 0 \\ 4 & -2 & 0 \\ -1 & 0 & -1 \end{pmatrix}\begin{pmatrix} x_1 \\ x_2 \\ x_3 \end{pmatrix} = \begin{pmatrix} 0 \\ 0 \\ 0 \end{pmatrix}$$

系数矩阵 $\begin{pmatrix} 2 & -1 & 0 \\ 4 & -2 & 0 \\ -1 & 0 & -1 \end{pmatrix} \xrightarrow{\text{初等行变换}} \begin{pmatrix} 1 & 0 & 1 \\ 0 & 1 & 2 \\ 0 & 0 & 0 \end{pmatrix}$。

令 $x_3 = 1$，则基础解系为

$$\boldsymbol{\xi}_1 = (-1 \quad -2 \quad 1)^T$$

因此 $\boldsymbol{\xi} = k_1\boldsymbol{\xi}_1$（$k_1$ 不为零）为矩阵 $\boldsymbol{A}_2$ 对应于 $\lambda = 1$ 的所有特征向量。

当 $\lambda = 2$ 时，齐次线性方程组为

$$\begin{pmatrix} 3 & -1 & 0 \\ 4 & -1 & 0 \\ -1 & 0 & 0 \end{pmatrix}\begin{pmatrix} x_1 \\ x_2 \\ x_3 \end{pmatrix} = \begin{pmatrix} 0 \\ 0 \\ 0 \end{pmatrix}$$

系数矩阵 $\begin{pmatrix} 3 & -1 & 0 \\ 4 & -1 & 0 \\ -1 & 0 & 0 \end{pmatrix} \xrightarrow{\text{初等行变换}} \begin{pmatrix} 1 & 0 & 0 \\ 0 & 1 & 0 \\ 0 & 0 & 0 \end{pmatrix}$。

令 $x_3 = 1$，则基础解系为

$$\boldsymbol{\xi}_2 = (0\quad 0\quad 1)^{\mathrm{T}}$$

因此 $\boldsymbol{\xi} = k_2\boldsymbol{\xi}_2$（$k_2$ 不为零）为矩阵 $\boldsymbol{A}_2$ 对应于 $\lambda = 2$ 的所有特征向量。

二、特征值与特征向量的性质

发现：例 4-1 中，$\boldsymbol{\xi}_1,\boldsymbol{\xi}_2,\boldsymbol{\xi}_3$ 组成的向量组线性无关。例 4-2 中，$\boldsymbol{\xi}_1,\boldsymbol{\xi}_2$ 组成的向量组线性无关。也就是说，不同特征值所对应的特征向量应该是线性无关的。下面进一步发现特征值和特征向量的更多性质。

性质 4-1　n 阶方阵 $\boldsymbol{A}$ 与它的转置 $\boldsymbol{A}^{\mathrm{T}}$ 有相同的特征多项式和特征值。

性质 4-2　设 n 阶方阵 $\boldsymbol{A}$ 的特征值为 $\lambda_1,\lambda_2,\cdots,\lambda_n$，则有

(1) $\lambda_1 + \lambda_2 + \cdots + \lambda_n = a_{11} + a_{22} + \cdots + a_{nn}$；

(2) $\lambda_1\lambda_2\cdots\lambda_n = |\boldsymbol{A}|$。

其中：$\lambda_1 + \lambda_2 + \cdots + \lambda_n = \mathrm{tr}(\boldsymbol{A})$ 称为 $\boldsymbol{A}$ 的迹。

推论 4-1　n 阶方阵 $\boldsymbol{A}$ 可逆的充要条件为

$$\lambda_1\lambda_2\cdots\lambda_n = |\boldsymbol{A}| \neq 0 \Leftrightarrow \boldsymbol{A}\text{ 的所有特征值均非零}$$

例 4-3　计算矩阵 $\boldsymbol{A} = \begin{pmatrix} 1 & -2 \\ -2 & 1 \end{pmatrix}$ 的特征值，并判定其是否可逆。

解：令矩阵 $\boldsymbol{A}$ 的特征多项式为零，即

$$|\lambda\boldsymbol{I} - \boldsymbol{A}| = (\lambda + 1)(\lambda - 3) = 0$$

得 $\lambda_1 = -1, \lambda_2 = 3$，$\lambda_1\lambda_2 = |\boldsymbol{A}| = -3 \neq 0$。因此，矩阵 $\boldsymbol{A}$ 可逆。

性质 4-3　设 $\boldsymbol{\xi}$ 是 n 阶方阵 $\boldsymbol{A}$ 对应于特征值 λ 的特征向量，则

(1) $k\lambda$ 是 $k\boldsymbol{A}$ 的特征值（其中 k 为常数），$\boldsymbol{\xi}$ 是 $k\boldsymbol{A}$ 对应于特征值 $k\lambda$ 的特征向量；

(2) λ^m 是 $\boldsymbol{A}^m$ 的特征值（其中 m 为正整数），$\boldsymbol{\xi}$ 是 $\boldsymbol{A}^m$ 对应于特征值 λ^m 的特征向量；

(3)若 $\boldsymbol{A}$ 可逆，则 λ^{-1} 是 $\boldsymbol{A}^{-1}$ 的特征值，$\boldsymbol{\xi}$ 是 $\boldsymbol{A}^{-1}$ 对应于特征值 λ^{-1} 的特征向量。

定理 4-2　设 $\boldsymbol{\xi}_1,\boldsymbol{\xi}_2,\cdots,\boldsymbol{\xi}_m$ 分别是方阵 $\boldsymbol{A}$ 对应于不相等的特征值 $\lambda_1,\lambda_2,\cdots,\lambda_m$ 的特征向量，则 $\boldsymbol{\xi}_1,\boldsymbol{\xi}_2,\cdots,\boldsymbol{\xi}_m$ 线性无关。也就是对应于不同特征值的特征向量线性无关。

第二节　矩阵的相似对角化

在上一节中发现，例 4-1 中，$\boldsymbol{\xi}_1,\boldsymbol{\xi}_2,\boldsymbol{\xi}_3$ 组成的向量组线性无关；例 4-2

中，$\boldsymbol{\xi}_1,\boldsymbol{\xi}_2$ 组成的向量组线性无关。例 4-1 中线性无关的特征向量组的向量个数恰好等于矩阵的阶数，但例 4-2 中则小于矩阵的阶数，本节就来探究这两类矩阵的相似变换特点。

一、相似矩阵的概念与性质

定理 4-3　设 $\boldsymbol{A},\boldsymbol{B}$ 均为 n 阶方阵，若存在可逆方阵，使得

$$\boldsymbol{P}^{-1}\boldsymbol{A}\boldsymbol{P} = \boldsymbol{B}$$

则称 $\boldsymbol{B}$ 是 $\boldsymbol{A}$ 的**相似矩阵**，也称矩阵 $\boldsymbol{A}$ 和 $\boldsymbol{B}$ 相似，记为 $\boldsymbol{A} \sim \boldsymbol{B}$。将运算 $\boldsymbol{P}^{-1}\boldsymbol{A}\boldsymbol{P}$ 称为对 $\boldsymbol{A}$ 进行**相似变换**，矩阵 $\boldsymbol{P}$ 称为**相似变换矩阵**。

矩阵相似变换是特殊的矩阵等价变换，因此同样满足自反性、对称性和传递性。且满足如下性质。

性质 4-4　若 $\boldsymbol{A}$ 和 $\boldsymbol{B}$ 相似且 $\boldsymbol{P}^{-1}\boldsymbol{A}\boldsymbol{P} = \boldsymbol{B}$，则

(1) $\boldsymbol{A}^{\mathrm{T}}$ 和 $\boldsymbol{B}^{\mathrm{T}}$ 相似；

(2) $\boldsymbol{A}^n$ 和 $\boldsymbol{B}^n$ 相似，且 $\boldsymbol{B}^n = \boldsymbol{P}^{-1}\boldsymbol{A}^n\boldsymbol{P}$；

(3) $\boldsymbol{A}^{-1}$ 和 $\boldsymbol{B}^{-1}$ 相似。

性质 4-5　若 $\boldsymbol{A}$ 和 $\boldsymbol{B}$ 相似，则

(1) $R(\boldsymbol{A}) = R(\boldsymbol{B})$；

(2) $|\boldsymbol{A}| = |\boldsymbol{B}|$；

(3) $\mathrm{tr}(\boldsymbol{A}) = \mathrm{tr}(\boldsymbol{B})$。

性质 4-6　若 n 阶方阵 $\boldsymbol{A}$ 与对角矩阵 $\boldsymbol{\Lambda} = \mathrm{diag}(\lambda_1,\lambda_2,\cdots,\lambda_n)$ 相似，则 $\lambda_1,\lambda_2,\cdots,\lambda_n$ 为矩阵 $\boldsymbol{A}$ 的特征值，且称方阵 $\boldsymbol{A}$ 可对角化。

二、矩阵的对角化

观察例 4-1 的矩阵 $\boldsymbol{A}_1$ 和例 4-2 的矩阵 $\boldsymbol{A}_2$ 可发现，按矩阵 $\boldsymbol{A}_1$ 特征值的对应顺序将其三个线性无关的特征向量 $\boldsymbol{\xi}_1,\boldsymbol{\xi}_2,\boldsymbol{\xi}_3$ 组成可逆矩阵

$$\boldsymbol{P} = (\boldsymbol{\xi}_1,\boldsymbol{\xi}_2,\boldsymbol{\xi}_3) = \begin{pmatrix} -1 & -1 & 1 \\ 1 & 0 & 1 \\ 0 & 1 & 1 \end{pmatrix}$$

且

$$\boldsymbol{P}^{-1}\boldsymbol{A}_1\boldsymbol{P} = \boldsymbol{\Lambda} = \begin{pmatrix} -1 & 0 & 0 \\ 0 & -1 & 0 \\ 0 & 0 & 5 \end{pmatrix}$$

对角矩阵的第 i 个主对角线元素为第 i 个特征向量对应的特征值。

矩阵 $\boldsymbol{A}_2$ 仅两个线性无关的特征向量，因此无法组成可逆矩阵。

定理 4-4　n 阶方阵 $\boldsymbol{A}$ 与对角矩阵 $\boldsymbol{\Lambda} = \mathrm{diag}(\lambda_1,\lambda_2,\cdots,\lambda_n)$ 相似的充要条件是方阵 $\boldsymbol{A}$ 有 n 个线性无关的特征向量；其中 $\lambda_1,\lambda_2,\cdots,\lambda_n$ 是方

阵 $\boldsymbol{A}$ 的特征值。

例 4-4 设 $\boldsymbol{A}=\begin{pmatrix}0&0&1\\1&1&a\\1&0&0\end{pmatrix}$，问 a 为何值时，方阵 $\boldsymbol{A}$ 可对角化？

解：$|\lambda\boldsymbol{I}-\boldsymbol{A}|=\begin{vmatrix}\lambda&0&-1\\-1&\lambda-1&-a\\-1&0&\lambda\end{vmatrix}=(\lambda-1)^2(\lambda+1)=0$

可得 $\lambda_1=\lambda_2=1,\lambda_3=-1$。

当 $\lambda_3=-1$ 时，方阵 $\boldsymbol{A}$ 恰有一个特征向量，因此，当 $\lambda_1=\lambda_2=1$ 时方阵 $\boldsymbol{A}$ 需能对应有两个线性无关的特征向量，即齐次线性方程组 $(\boldsymbol{I}-\boldsymbol{A})\boldsymbol{x}=\boldsymbol{0}$ 的基础解系有两个向量，故 $R(\boldsymbol{I}-\boldsymbol{A})=3-2=1$。因为

$$\boldsymbol{I}-\boldsymbol{A}=\begin{pmatrix}1&0&-1\\-1&0&-a\\-1&0&1\end{pmatrix}\xrightarrow[r_3+r_1]{r_2+r_1}\begin{pmatrix}1&0&-1\\0&0&-1-a\\0&0&0\end{pmatrix}$$

故当 $a=-1$ 时，$R(\boldsymbol{I}-\boldsymbol{A})=1$。

若要寻求方阵 $\boldsymbol{A}$ 的对角化结果，其可逆矩阵不好直接找到，因此，可按照如下方法来将方阵 $\boldsymbol{A}$ 对角化。

①找到方阵 $\boldsymbol{A}$ 的全部不相等的特征值为 $\lambda_1,\lambda_2,\cdots,\lambda_s$。

②对于每个特征值 λ_i，设其重数为 n_i，找到齐次线性方程组 $(\lambda_i\boldsymbol{I}-\boldsymbol{A})\boldsymbol{x}=\boldsymbol{0}$ 的基础解系 $\boldsymbol{\xi}_{i1},\boldsymbol{\xi}_{i2},\cdots,\boldsymbol{\xi}_{in_i}$。

③按顺序构建向量组：

$$\boldsymbol{\xi}_{11},\boldsymbol{\xi}_{12},\cdots,\boldsymbol{\xi}_{1n_1},\boldsymbol{\xi}_{21},\boldsymbol{\xi}_{22},\cdots,\boldsymbol{\xi}_{2n_2},\cdots,\boldsymbol{\xi}_{s1},\boldsymbol{\xi}_{s2},\cdots,\boldsymbol{\xi}_{sn_s}$$

④令 $\boldsymbol{P}=(\boldsymbol{\xi}_{11},\boldsymbol{\xi}_{12},\cdots,\boldsymbol{\xi}_{1n_1},\boldsymbol{\xi}_{21},\boldsymbol{\xi}_{22},\cdots,\boldsymbol{\xi}_{2n_2},\cdots,\boldsymbol{\xi}_{s1},\boldsymbol{\xi}_{s2},\cdots,\boldsymbol{\xi}_{sn_s})$，则

$$\boldsymbol{P}^{-1}\boldsymbol{A}\boldsymbol{P}=\boldsymbol{\Lambda}=\begin{pmatrix}\lambda_1&&&&&&&&\\&\ddots&&&&&&&\\&&\lambda_1&&&&&&\\&&&\lambda_2&&&&&\\&&&&\ddots&&&&\\&&&&&\lambda_2&&&\\&&&&&&\ddots&&\\&&&&&&&\lambda_s&\\&&&&&&&&\ddots\\&&&&&&&&&\lambda_s\end{pmatrix}$$

矩阵的对角化

例 4-5 设矩阵 $\boldsymbol{A}=\begin{pmatrix}1&1&1\\1&-1&-1\\1&-1&1\end{pmatrix}$，判断矩阵 $\boldsymbol{A}$ 是否可对角化？若可以，求出与其相似的对角矩阵及对应的相似变换矩阵。

解：$|\lambda\boldsymbol{I}-\boldsymbol{A}|=\begin{vmatrix}\lambda-1&-1&-1\\-1&\lambda+1&1\\-1&1&\lambda-1\end{vmatrix}=(\lambda-1)(\lambda-2)(\lambda+2)=0$

可得 $\lambda_1=1,\lambda_2=2,\lambda_3=-2$，矩阵 $\boldsymbol{A}$ 有三个不同的特征值，因此可对角化，分别解出 $\lambda_1=1,\lambda_2=2,\lambda_3=-2$ 对应的特征向量：

$$\boldsymbol{\xi}_1=(1\quad 0\quad 1)^{\mathrm{T}},\boldsymbol{\xi}_2=(1\quad 1\quad -1)^{\mathrm{T}},\boldsymbol{\xi}_3=(-1\quad 2\quad 1)^{\mathrm{T}}$$

则

$$\boldsymbol{P}=(\boldsymbol{\xi}_1,\boldsymbol{\xi}_2,\boldsymbol{\xi}_3)=\begin{pmatrix}1&1&-1\\0&1&2\\1&-1&1\end{pmatrix}$$

$$\boldsymbol{P}^{-1}\boldsymbol{A}\boldsymbol{P}=\boldsymbol{\Lambda}=\begin{pmatrix}1&0&0\\0&2&0\\0&0&-2\end{pmatrix}$$

注意：相似变换矩阵和相似对角矩阵会随着特征值及其对应特征向量的构造顺序而改变。

例 4-6　设 $\boldsymbol{A}_1=\begin{pmatrix}1&2&2\\2&1&2\\2&2&1\end{pmatrix}$，求 $\boldsymbol{A}_1^n$。

解：根据例 4-1 可知，矩阵 $\boldsymbol{A}_1$ 对应于特征值 $\lambda_1=\lambda_2=-1,\lambda_3=5$ 分别有 $\boldsymbol{\xi}_1=(-1\quad 1\quad 0)^{\mathrm{T}},\boldsymbol{\xi}_2=(-1\quad 0\quad 1)^{\mathrm{T}},\boldsymbol{\xi}_3=(1\quad 1\quad 1)^{\mathrm{T}}$ 三个线性无关的特征向量，因此矩阵 $\boldsymbol{A}_1$ 与对角矩阵 $\boldsymbol{\Lambda}=\begin{pmatrix}-1&0&0\\0&-1&0\\0&0&5\end{pmatrix}$ 相似，满足

$$\boldsymbol{P}^{-1}\boldsymbol{A}_1\boldsymbol{P}=\boldsymbol{\Lambda}=\begin{pmatrix}-1&0&0\\0&-1&0\\0&0&5\end{pmatrix}$$

其中：$\boldsymbol{P}=(\boldsymbol{\xi}_1,\boldsymbol{\xi}_2,\boldsymbol{\xi}_3)=\begin{pmatrix}-1&-1&1\\1&0&1\\0&1&1\end{pmatrix}$，$\boldsymbol{P}^{-1}=\begin{pmatrix}-\frac{1}{3}&\frac{2}{3}&-\frac{1}{3}\\-\frac{1}{3}&-\frac{1}{3}&\frac{2}{3}\\\frac{1}{3}&\frac{1}{3}&\frac{1}{3}\end{pmatrix}$。

根据性质 4-4，有

$$\boldsymbol{\Lambda}^n=\boldsymbol{P}^{-1}\boldsymbol{A}_1^n\boldsymbol{P}\Rightarrow\boldsymbol{P}\boldsymbol{\Lambda}^n\boldsymbol{P}^{-1}=\boldsymbol{P}\boldsymbol{P}^{-1}\boldsymbol{A}_1^n\boldsymbol{P}\boldsymbol{P}^{-1}=\boldsymbol{A}_1^n$$

因此

$$\boldsymbol{A}_1^n=\begin{pmatrix}-1&-1&1\\1&0&1\\0&1&1\end{pmatrix}\begin{pmatrix}(-1)^n&0&0\\0&(-1)^n&0\\0&0&5^n\end{pmatrix}\begin{pmatrix}-\frac{1}{3}&\frac{2}{3}&-\frac{1}{3}\\-\frac{1}{3}&-\frac{1}{3}&\frac{2}{3}\\\frac{1}{3}&\frac{1}{3}&\frac{1}{3}\end{pmatrix}$$

$$A_1^n = \frac{1}{3}\begin{pmatrix} (-1)^{n+2}+(-1)^{n+2}+5^n & 2\times(-1)^{n+1}+(-1)^{n+2}+5^n & (-1)^{n+2}+2\times(-1)^{n+1}+5^n \\ (-1)^{n+1}+5^n & 2\times(-1)^n+5^n & (-1)^{n+1}+5^n \\ (-1)^{n+1}+5^n & (-1)^{n+1}+5^n & 2\times(-1)^n+5^n \end{pmatrix}$$

习　　题

一、选择题

1. 设 $\lambda=2$ 是非奇异矩阵 $\boldsymbol{A}$ 的一个特征值，则矩阵 $\frac{1}{3}\boldsymbol{A}^{-1}$ 有一个特征值等于(　　)。

A. $\frac{1}{6}$　　B. $-\frac{1}{6}$　　C. $\frac{1}{3}$　　D. $\frac{2}{3}$

2. n 阶矩阵 $\boldsymbol{A}$ 具有个不同的特征值是 $\boldsymbol{A}$ 与对角矩阵相似的(　　)。

A. 充要条件

B. 必要而非充分条件

C. 充分而非必要条件

D. 既非充分也非必要条件

3. 设 $\boldsymbol{A},\boldsymbol{B}$ 为 n 阶矩阵，且 $\boldsymbol{A}$ 与 $\boldsymbol{B}$ 相似，$\boldsymbol{E}$ 为 n 阶单位矩阵，则有(　　)。

A. $\lambda\boldsymbol{E}-\boldsymbol{A}=\lambda\boldsymbol{E}-\boldsymbol{B}$

B. $\boldsymbol{A}$ 与 $\boldsymbol{B}$ 有相同的特征值和特征向量

C. $\boldsymbol{A}$ 与 $\boldsymbol{B}$ 都相似于同一个对角矩阵

D. 对任意常数 t，$t\boldsymbol{E}-\boldsymbol{A}$ 与 $t\boldsymbol{E}-\boldsymbol{B}$ 相似

4. 零为矩阵 $\boldsymbol{A}$ 的特征值是 $\boldsymbol{A}$ 为不可逆的(　　)。

A. 充分条件　　B. 必要条件

C. 充要条件　　D. 既不必要也不充分条件

5. 设 λ_1,λ_2 是矩阵 $\boldsymbol{A}$ 的两个不同的特征值，$\boldsymbol{\alpha}_1,\boldsymbol{\alpha}_2$ 是 $\boldsymbol{A}$ 分别对应于 λ_1,λ_2 的特征向量，则 $\boldsymbol{\alpha}_1,\boldsymbol{\alpha}_2$ (　　)。

A. 线性相关　　B. 线性无关

C. 对应分量成比例　　D. 可能有零向量

6. 若 n 阶矩阵 $\boldsymbol{A}$ 与 $\boldsymbol{B}$ 相似，且 $\boldsymbol{A}$ 的特征多项式为 $f(\lambda)=(\lambda-1)^n$，则 $\boldsymbol{B}$ (　　)。

A. 是单位矩阵

B. 有 n 个线性无关的特征向量

C. 的主对角元素全为 1

D. 有 n 个相同的特征值，但特征向量不一定线性无关

二、填空题

1. 设 n 阶矩阵 $\boldsymbol{A}$ 的元素全为 1，则 $\boldsymbol{A}$ 的 n 个特征值为________。

2. 已知三阶可逆方阵 $\boldsymbol{A}$ 的特征值为 $1,1,-5$，则 $\boldsymbol{E}+\boldsymbol{A}^{-1}$ 的特征值为________。

3. 矩阵 $\boldsymbol{A}$ 的特征值为 1，则 $\boldsymbol{B}=\boldsymbol{A}^2-4\boldsymbol{A}+\boldsymbol{E}$ 的特征值为________。

4. 已知矩阵 $\boldsymbol{A}=\begin{pmatrix}1 & 2\\ 3 & a\end{pmatrix}$，$\boldsymbol{\alpha}=\begin{pmatrix}1\\ -1\end{pmatrix}$ 是 $\boldsymbol{A}$ 的一个特征向量，则 $\boldsymbol{\alpha}$ 所对应的特征值为________。

5. 设 $\boldsymbol{A}=\begin{pmatrix}0 & 0 & 1\\ x & 1 & y\\ 1 & 0 & 0\end{pmatrix}$ 有三个线性无关的特征向量，则 x 和 y 应满足________。

三、综合题

1. 设 $\boldsymbol{A}=\begin{pmatrix}1 & -1 & 1\\ 2 & 3 & -2\\ -3 & -3 & 5\end{pmatrix}$，求 $\boldsymbol{A}$ 的特征值和特征向量。

2. 设 $\boldsymbol{A},\boldsymbol{B}$ 均为 n 阶方阵，且 $\boldsymbol{AB}=\boldsymbol{BA}$，$\lambda$ 是 $\boldsymbol{A}$ 的特征值，$\boldsymbol{\alpha}$ 是对应的特征向量，证明 $\boldsymbol{B\alpha}$ 也是 $\boldsymbol{A}$ 的特征向量。

3. 计算矩阵 $\boldsymbol{A}=\begin{pmatrix}3 & 1 & 0\\ -4 & -1 & 0\\ 4 & -8 & -2\end{pmatrix}$ 的特征值，并判断其是否可逆。

4. 已知矩阵 $\boldsymbol{A}=\begin{pmatrix}2 & 0 & 0\\ 0 & 0 & 1\\ 0 & 1 & x\end{pmatrix}$ 与 $\boldsymbol{B}=\begin{pmatrix}2 & 0 & 0\\ 0 & y & 0\\ 0 & 0 & -1\end{pmatrix}$ 相似。

(1)求 x 和 y 值；

(2)求可逆矩阵 $\boldsymbol{P}$，使得 $\boldsymbol{P}^{-1}\boldsymbol{AP}=\boldsymbol{B}$。

拓展阅读

特征值与特征向量在车牌识别中的应用

车牌识别(License Plate Recognition, lPR)是一种使用计算机技术从图像中自动提取车牌号码的技术。这一技术在交通监控、停车场管理、车辆安全等多个领域都有广泛应用。其用到的图像信息处理中的车牌图像信息矩阵的特征值计算是车牌识别系统的重要步骤之一，简单来说，其一般方法如下。

一、图像的矩阵表示

在计算机中，一幅二维灰度图形可以用矩阵来表示。对于 $m \times n$ 的图像，其灰度值可以存储在一个 $m \times n$ 矩阵 $\boldsymbol{A}$ 中，其中矩阵中的每个元素 a_{ij} 表示图像在第 i 行第 j 列位置的灰度值。彩色图像通常可以用多个矩阵来表示，例如，对于 RGB 彩色模式，一幅图像可以由红、绿、蓝三个颜色通道的矩阵组成。通过这种矩阵表示形式可以方便地利用矩阵运算来处理图像。

二、图像的特征提取

图像的纹理是图像的重要特征之一。矩阵的特征值和特征向量可以用于分析图像的纹理特征。例如，对于图像的局部区域，可以构建一个灰度共生矩阵，通过计算该矩阵的特征值和特征向量来描述纹理的方向、粗糙度等特性。不同的纹理具有不同的特征值和特征向量分布，这些特征可以用于图像的分类和识别，以此来区分具有不同纹理的图像区域。

当然，在实际应用中，车牌识别系统还需要应对更多的挑战，如光照变化、车牌污损、不同车牌格式等。因此，系统的设计需要综合考虑各种因素，并进行大量的测试和优化。在这个过程中，特征值和特征向量不仅在上述车牌识别的特征提取和降维步骤中起着重要作用，在利用特征值计算构建 PCA（主成分分析法，多元统计分析的常见数据降维方法）降维中仍然发挥着巨大的作用。特征值的应用，较好地提高了识别的准确性和效率。

第五章　MATLAB 与线性代数

MATLAB 是适用于科学和工程计算的数学软件。它的主要功能包含数值计算功能、符号计算功能、数据分析和可视化功能、文字处理功能和可扩展功能。本书采用 MATLAB2014a 版本。

第一节　MATLAB 与矩阵运算

一、矩阵生成

1. 数值矩阵

矩阵可直接按行的方式输入每个元素来生成：同一行中的元素用逗号或空格符来分隔，不同的行用分号分隔；所有元素处于同一个方括号内。如：

输入：A = [1 2 3;4 5 6;7 8 9]

输出：

```
A =
     1     2     3
     4     5     6
     7     8     9
```

2. 特殊矩阵

(1) $m \times n$ 全零矩阵：A = zeros(m,n)。

(2) $m \times n$ 全 1 矩阵：A = ones(m,n)。

(3) $m \times n$ 单位矩阵：A = eye(m,n)。

(4) n 阶魔方矩阵：A = magic(n)。

3. 矩阵中元素的操作

(1)矩阵 $\boldsymbol{A}$ 的第 i 行：A(i,:)。

(2)矩阵 $\boldsymbol{A}$ 的第 j 列：A(:,j)。

(3)依次提取矩阵 $\boldsymbol{A}$ 的每一列,将 $\boldsymbol{A}$ 拉伸为一个列向量: A(:)。

(4)取矩阵 $\boldsymbol{A}$ 的第 $i_1 \sim i_2$ 行,第 $j_1 \sim j_2$ 列构成新矩阵: $A(i_1:i_2, j_1:j_2)$。

(5)删除矩阵 $\boldsymbol{A}$ 的第 $i_1 \sim i_2$ 行,构成新矩阵: $A(i_1:i_2, :) = [\,]$。

(6)删除矩阵 $\boldsymbol{A}$ 的第 $j_1 \sim j_2$ 列,构成新矩阵: $A(:, j_1:j_2) = [\,]$。

(7)将矩阵 $\boldsymbol{A}$ 和矩阵 $\boldsymbol{B}$ 拼接成新矩阵: [A,B] 或 [A;B]。

二、矩阵运算

1. 加减运算

矩阵 $\boldsymbol{A}$ 和矩阵 $\boldsymbol{B}$ 是同型矩阵,如: A + B ; A - B。

2. 乘法运算

(1)矩阵 $\boldsymbol{A}_{m\times s}$ 和矩阵 $\boldsymbol{B}_{s\times n}$ 相乘,即按线性代数中矩阵的乘法运算进行,如: A * B。

(2)常数 k 和矩阵 $\boldsymbol{A}$ 相乘,即 k 与矩阵 $\boldsymbol{A}$ 中的每一个元素相乘,如: k * A。

(3)矩阵 $\boldsymbol{A}_{m\times n}$ 和矩阵 $\boldsymbol{B}_{m\times n}$ 点乘,即矩阵 $\boldsymbol{A}$ 和矩阵 $\boldsymbol{B}$ 中对应元素相乘,如: A. * B。

例 5-1 已知矩阵 $\boldsymbol{A} = \begin{pmatrix} 1 & 2 \\ 3 & 4 \end{pmatrix}$, $\boldsymbol{B} = \begin{pmatrix} 1 & 2 \\ 2 & 1 \end{pmatrix}$,利用 MATLAB 求 $\boldsymbol{AB}$, $2\boldsymbol{A}$,并求将矩阵 $\boldsymbol{A}$ 和 $\boldsymbol{B}$ 中对应元素相乘后的结果。

解: A = [1 2;3 4]　　B = [1 2;2 1]% 输入矩阵 A,B

　　A * B% 求矩阵 AB

输出结果:

```
ans =
     5     4
    11    10
```

2 * A% 求矩阵 2A

输出结果:

```
ans =
     2     4
     6     8
```

A. * B% 求矩阵 A 和 B 对应元素相乘后的结果

输出结果:

```
ans =
     1     4
     6     4
```

3. 除法运算

若矩阵 A 可逆，则 $A^{-1}B$, BA^{-1} 分别表示 A 左除 B , A 右除 B ，如：inv(A) * B 或 A\B ; B * inv(A) 或 A/B 。

4. 乘方运算

若矩阵 A 是方阵，则 A^n 表示 A 的 n 次方，如：A^n ; A^{-n} 表示 A^{-1} 的 n 次方，如：A^(- n) 。

5. 其他运算

(1)矩阵 A 的转置，如：A′ 。

(2)矩阵 A 的行列式的值，如：det(A) 。

(3)矩阵 A 的逆矩阵，如：inv(A) 。

(4)矩阵 A 的秩，如：rank(A) 。

(5)矩阵 A 的特征值 D 与特征向量 V ，如：[V,D] = eig(A) 。

例 5-2　已知矩阵 $A = \begin{pmatrix} 3 & 2 & 1 \\ 1 & 0 & 2 \\ 3 & 1 & 2 \end{pmatrix}$，利用 MATLAB 求矩阵 A 的秩并判断其是否可逆。若可逆，则继续利用 *MATLAB* 求出其逆矩阵。

解：

输入：

```
A = [3,2,1;1,0,2;3,1,2];
R = rank(A)
```

输出：

```
R =

    3
```

矩阵可逆

输入：

```
A_1 = inv(A)
```

输出：

```
A_1 =
   -0.6667    1.3333    0.3333
   -1.0000    1.0000    1.0000
    1.3333   -1.6667   -0.6667
```

因此，矩阵 A 可逆，且 $A^{-1} = \begin{pmatrix} -0.6667 & 1.333 & 0.3333 \\ -1 & 1 & 1 \\ 1.333 & -1.6667 & -0.6667 \end{pmatrix}$。

第二节　MATLAB 与线性方程组

一、解线性方程组的基本命令

1. 线性方程组的唯一解

线性方程组的矩阵形式为 $\boldsymbol{AX}=\boldsymbol{B}$，其唯一解为 $\boldsymbol{X}=\boldsymbol{A}^{-1}\boldsymbol{B}$，调用格式为：X = inv(A) * B 。

例 5-3　利用 MATLAB 解线性方程组 $\begin{cases}x_1+2x_2+3x_3=366\\4x_1+5x_2+6x_3=804\\7x_1+8x_2=351\end{cases}$。

解：

输入：

```
A=[1 2 3;4 5 6;7 8 0];
B=[366;804;351];
X=inv(A)*B
```

输出：

```
X =

    25

    22

    99
```

2. 齐次线性方程组的通解

齐次线性方程组的矩阵形式为 $\boldsymbol{AX}=\boldsymbol{0}$，调用格式为：X = null(A,'r') 。

3. 非齐次线性方程组的通解

对于非齐次线性方程组，需要先判断方程组是否有解，若有解，再去求通解。具体步骤如下：

(1)判断 $\boldsymbol{AX}=\boldsymbol{B}$ 是否有解，若有解则进行第(2)步；

(2)求 $\boldsymbol{AX}=\boldsymbol{B}$ 的一个特解；

(3)求 $\boldsymbol{AX}=\boldsymbol{0}$ 的通解；

(4)将 $\boldsymbol{AX}=\boldsymbol{0}$ 的通解加上 $\boldsymbol{AX}=\boldsymbol{B}$ 的一个特解，组合起来即为 $\boldsymbol{AX}=\boldsymbol{B}$ 的通解。

例 5-4　利用 MATLAB 解线性方程组 $\begin{cases}x_1+2x_2-3x_3=-11\\-x_1-x_2+2x_3=7\\2x_1-3x_2+x_3=6\\-3x_1+x_2+2x_3=5\end{cases}$。

解：

输入：

```
A=[1 2 -3;-1 -1 2;2 -3 1;-3 1 2];
b=[-11 7 6 5]';
rref([A b])
```

输出：

```
ans =
    1   0   -1   -3
    0   1   -1   -4
    0   0    0    0
    0   0    0    0
```

于是得到对应的方程组：

$$\begin{cases} x_1 - x_3 = -3 \\ x_2 - x_3 = -4 \end{cases}$$

即 $\boldsymbol{x} = k\begin{pmatrix}1\\1\\1\end{pmatrix} + \begin{pmatrix}-3\\-4\\0\end{pmatrix}$，其中 k 为 x_3 的值。

二、案例应用

例 5-5 （城市交通流量问题）城市道路网中每条道路、每个交叉路口的车流量调查，是分析、评价及改善城市交通状况的基础。

某城市单行线流量如图 5-1 所示，其中，数字表示该路段每小时按箭头方向行驶的已知车流量（单位：辆），变量表示该路段每小时按箭头方向行驶的未知车流量。

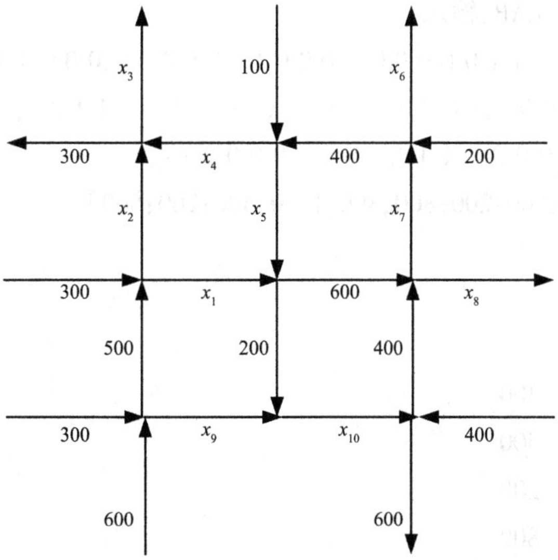

图 5-1　某城市单行线流量

问题：

(1)确定每条道路的流量关系。

(2)哪些未知流量可以确定？

(3)为了确定所有未知流量，还需要增添哪几条道路的流量统计？

解：

(1)模型假设。

①每条道路都是单行线。

②每条区间道路内无车辆进出，车辆数保持一致。

③每个交叉路口进入和离开的车辆数相等。

(2)模型建立。

每条道路的流量关系为线性方程组：

$$\begin{cases} x_2 - x_3 + x_4 = 300 \\ x_4 + x_5 = 500 \\ -x_6 + x_7 = 200 \\ x_1 + x_2 = 800 \\ x_1 + x_5 = 800 \\ x_7 + x_8 = 1000 \\ x_9 = 400 \\ -x_9 + x_{10} = 200 \\ x_{10} = 600 \end{cases}$$

上述方程组确定了每条道路的流量关系，且未知流量 x_9 和 x_{10} 可以确定。

(3)模型求解。

利用 MATLAB，输入：

```
A=[0 1 -1 1 0 0 0 0 0 0;0 0 0 1 1 0 0 0 0 0;0 0 0 0 0 -1 1 0 0 0;1 1 0 0 0 0 0 0 0 0;1 0 0 0 1 0 0 0 0 0;0 0 0 0 0 0 1 1 0 0;0 0 0 0 0 0 0 0 1 0;0 0 0 0 0 0 0 0 -1 1;0 0 0 0 0 0 0 0 0 1];
b=[300;500;200;800;800;1000;400;200;600]
rref([A b])
```

输出：

```
b =

      300
      500
      200
      800
      800
```

```
        1000
         400
         200
         600
ans =
    Columns 1 through 9
1    0    0    0    1    0    0    0    0
0    1    0    0   -1    0    0    0    0
0    0    1    0    0    0    0    0    0
0    0    0    1    1    0    0    0    0
0    0    0    0    0    1    0    1    0
0    0    0    0    0    0    1    1    0
0    0    0    0    0    0    0    0    1
0    0    0    0    0    0    0    0    0
0    0    0    0    0    0    0    0    0
    Columns 10 through 11
          0         800
          0           0
          0         200
          0         500
          0         800
          0        1000
          0         400
          1         600
          0           0
```

(4)结果分析。

根据运行结果,可知交通流量向量 $\boldsymbol{x}$ 可表示为

$$\boldsymbol{x}=\begin{pmatrix}800\\0\\200\\500\\0\\800\\1000\\0\\400\\600\end{pmatrix}+k_1\begin{pmatrix}-1\\1\\0\\-1\\1\\0\\0\\0\\0\\0\end{pmatrix}+k_2\begin{pmatrix}0\\0\\0\\0\\0\\-1\\-1\\1\\0\\0\end{pmatrix}$$

其中：k_1、k_2 为 x_5、x_8 的值。即为了确定所有未知流量，还需要增添 x_5 和 x_8 的流量统计。

例 5-6 （投入产出简化模型）某城市有三个重要企业：煤矿场、电厂、铁路局。经成本核算，每开采 1 元钱的煤矿，煤矿场要支付 0.25 元电费、0.35 元运输费；生产 1 元钱的电力，电厂要支付 0.55 元煤矿费、0.05 元电费、0.05 元运输费；创收 1 元钱的运输费，铁路局要支付 0.45 元煤矿费、0.1 元电费。在某一周内煤矿场接到外地 100000 元订单，电厂接到外地 50000 元订单。提问：

(1)三个企业一周内总产出值最少各为多少才能满足自身及外界需求？

(2)在刚好满足需求的情况下，三个企业间相互支付多少金额？

(3)在刚好满足需求的情况下，三个企业各创造多少新价值？

解：

(1)模型假设。

①煤矿场、电厂、铁路局之间相互依存。

②外界对铁路局没有需求。

(2)模型建立。

建立投入产出平衡模型，如表 5-1 所示。

投入产出平衡模型(单位:元)　　　　表 5-1

投入		产出			外界需求产值	总产出
		消耗部门				
		煤矿场	电厂	铁路局		
生产部门	煤矿场	x_{11}	x_{12}	x_{13}	100000	x_1
	电厂	x_{21}	x_{22}	x_{23}	50000	x_2
	铁路局	x_{31}	x_{32}	x_{33}	0	x_3
新增价值		z_1	z_2	z_3		
总投入		x_1	x_2	x_3		

消耗矩阵 $\boldsymbol{A}=\begin{pmatrix} x_{11} & x_{12} & x_{13} \\ x_{21} & x_{22} & x_{23} \\ x_{31} & x_{32} & x_{33} \end{pmatrix}=\begin{pmatrix} 0 & 0.55 & 0.45 \\ 0.25 & 0.05 & 0.1 \\ 0.35 & 0.05 & 0 \end{pmatrix}$，产值向量 $\boldsymbol{B}=\begin{pmatrix} 100000 \\ 50000 \\ 0 \end{pmatrix}$。

三个企业一周内总产出值为 $\boldsymbol{X}=\begin{pmatrix} x_1 \\ x_2 \\ x_3 \end{pmatrix}$，若产出值刚好满足需求，则

$$X - AX = B$$

$$X = (I - A)^{-1}B$$

三个企业间的相互支付矩阵为

$$P = A\begin{pmatrix} x_1 & 0 & 0 \\ 0 & x_2 & 0 \\ 0 & 0 & x_3 \end{pmatrix} = \begin{pmatrix} 0 & 0.55x_2 & 0.45x_3 \\ 0.25x_1 & 0.05x_2 & 0.1x_3 \\ 0.35x_1 & 0.05x_2 & 0 \end{pmatrix}$$

其中:第一行各元素为煤矿场分别给煤矿场、电厂、铁路局支付的费用;第二行各元素为电厂分别给煤矿场、电厂、铁路局支付的费用;第三行各元素为铁路局分别给煤矿场、电厂、铁路局支付的费用。

三个企业各自支付的总费用为

$$P_1 = P \times \begin{pmatrix} 1 \\ 1 \\ 1 \end{pmatrix} = \begin{pmatrix} 0.55x_2 + 0.45x_3 \\ 0.25x_1 + 0.05x_2 + 0.1x_3 \\ 0.35x_1 + 0.05x_2 \end{pmatrix}$$

三个企业各创造的新价值为

$$Z = \begin{pmatrix} z_1 \\ z_2 \\ z_3 \end{pmatrix} = X - P_1$$

(3)模型求解。

利用 MATLAB,输入:

```
A = [0,0.55,0.45;0.25,0.05,0.1;0.35,0.05,0];
B = [100000;50000;0];
I = eye(3,3);% 构造三阶单位矩阵
C = inv(A);%
D = inv(I - A);% 求矩阵 I - A 的逆矩阵
X = D * B% 求三个企业的最低产值向量
x1 = X(1,1);% 求煤矿场的最低产出值
x2 = X(2,1);% 求电厂的最低产出值
x3 = X(3,1);% 求铁路局的最低产出值
X1 = [x1,0,0;0,x2,0;0,0,x3];
P = A * X1;% 求得三个企业间的相互支付矩阵 P
P1 = P * [1;1;1]% 求得三个企业的支付费用向量 P1
Z = X - P1% 求得三个企业创造的新价值向量 Z
```

输出:

```
X =
  1.0e+005 *
    1.9451
```

```
    1.1157
    0.7366
P =
  1.0e+004 *
         0    6.1365    3.3146
    4.8628    0.5579    0.7366
    6.8079    0.5579         0
P1 =
  1.0e+004 *
    9.4510
    6.1572
    7.3657
Z =
    100000
     50000
         0
```

(4)结果分析。

煤矿场一周内总产出值最少为 1.9451×10^5 元、电厂一周内总产出值最少为 1.1157×10^5 元、铁路局一周内总产出值最少为 0.7366×10^5 元,才能满足自身及外界需求。

在刚好满足的情况下,煤矿场给煤矿场、电厂、铁路局支付的费用分别为 0 元、6.1365×10^4 元、3.3146×10^4 元;电厂给煤矿场、电厂、铁路局支付的费用分别为 4.8628×10^4 元、0.5579×10^4 元、0.7366×10^4 元;铁路局给煤矿场、电厂、铁路局支付的费用分别为 6.8079×10^4 元、0.5579×10^4 元、0 元。

煤矿场支付的总费用为 9.4510×10^4 元,电厂支付的总费用为 6.1572×10^4 元,铁路局支付的总费用为 7.3657×10^4 元。

煤矿场创造的新价值为 100000 元,电厂创造的新价值为 50000 元,铁路局创造的新价值为 0 元。

习　　题

1. 已知 $\boldsymbol{A}=\begin{pmatrix}1&2&3\\4&5&6\\7&8&9\end{pmatrix}$,求矩阵 $\boldsymbol{A}$ 的秩。

2. 先构造一个 5 阶幻方，再删除第一行元素。

3. 利用 MATLAB 求解线性方程组 $\begin{cases} 2x_1 + x_2 - 2x_3 + 3x_4 = 0 \\ 3x_1 + 2x_2 - x_3 + 2x_4 = 0 \\ x_1 + x_2 + x_3 - x_4 = 0 \end{cases}$。

4. 利用 MATLAB 求解线性方程组 $\begin{cases} x_1 + 2x_2 + 4x_3 = 16 \\ 2x_1 + x_2 + x_3 = 24 \\ x_1 + 4x_2 + 7x_3 = 30 \end{cases}$。

5. 继续完成例 5.5，并以小组为单位完成城市交通流量问题数学建模实践小论文。

6. 继续完成例 5.6，验证煤矿场、电厂、铁路局一周内总产出值分别是 194510 元、111572 元、73657 元时是否能达到最低需求，并求得其对应的支付费用向量和创造的新价值向量，以小组为单位完成数学建模实践小论文。

总复习题

一、选择题

1. 设矩阵 $A=\begin{pmatrix}1&2\\3&4\end{pmatrix}$，$B=\begin{pmatrix}5&6\\7&8\end{pmatrix}$，则 AB 的结果是(　　)。

A. $\begin{pmatrix}19&22\\43&50\end{pmatrix}$　　B. $\begin{pmatrix}29&22\\43&40\end{pmatrix}$

C. $\begin{pmatrix}19&12\\33&25\end{pmatrix}$　　D. $\begin{pmatrix}23&42\\12&20\end{pmatrix}$

2. 行列式 $\begin{vmatrix}2&3\\4&5\end{vmatrix}$ 的值是(　　)。

A. -2　　B. 2　　C. 22　　D. -22

3. 以下向量组中线性无关的是(　　)。

A. (1,2),(2,4)　　B. (1,0),(0,1)

C. (1,1),(2,2)　　D. (1,3),(2,6)

4. 矩阵 $\begin{pmatrix}1&2&3\\4&5&6\\7&8&9\end{pmatrix}$ 的秩是(　　)。

A. 1　　B. 2　　C. 3　　D. 0

5. 矩阵 $A=\begin{pmatrix}3&1\\0&2\end{pmatrix}$ 的特征值是(　　)。

A. 3,2　　B. 1,5　　C. 1,3　　D. 2,4

6. 线性方程组 $\begin{cases}x+2y=5\\3x+6y=10\end{cases}$ 的解的情况是(　　)。

A. 唯一解　　B. 无解

C. 无穷多个解　　D. 无法确实

7. 矩阵 $A=\begin{pmatrix}1&1\\0&1\end{pmatrix}$ 的逆矩阵是(　　)。

A. $\begin{pmatrix}1&-1\\0&1\end{pmatrix}$　　B. $\begin{pmatrix}1&0\\1&1\end{pmatrix}$

C. $\begin{pmatrix}1&1\\1&0\end{pmatrix}$　　D. $\begin{pmatrix}0&1\\1&1\end{pmatrix}$

8. 向量空间 $\mathbf{R}^3$ 中，以下向量能构成基的是(　　)。

A. (1,0,0),(0,1,0)

B. (1,1,1),(2,2,2),(3,3,3)

C. (1,0,0),(0,1,0),(0,0,1)

D. (1,2,3),(4,5,6)

9. 设矩阵 $\boldsymbol{A}=\begin{pmatrix}3&0&0\\0&2&0\\0&0&1\end{pmatrix}$,则下列说法正确的是(　　)。

A. $\boldsymbol{A}$ 不是对角矩阵

B. $\boldsymbol{A}$ 的逆矩阵是 $\begin{pmatrix}1&0&0\\0&2&0\\0&0&3\end{pmatrix}$

C. $\boldsymbol{A}$ 的特征值为 3,2,1

D. $\boldsymbol{A}$ 与矩阵 $\begin{pmatrix}1&0&0\\0&2&0\\0&0&3\end{pmatrix}$ 不相似

10. 设 n 阶矩阵 $\boldsymbol{A}=(a_{ij})$,$\boldsymbol{B}=(b_{ij})$,$b_{ij}=a_{ij}+k$(k 为常数,$i,j=1,2,\cdots,n$),已知 $|\boldsymbol{A}|=d$,则 $|\boldsymbol{B}|=$(　　)。

A. d　　B. $d+nk$　　C. $d+k^n$　　D. $d+n!k$

二、填空题

1. 设矩阵 $\boldsymbol{A}=\begin{pmatrix}1&2\\3&4\end{pmatrix}$, 则 $\boldsymbol{A}$ 的伴随矩阵 $\boldsymbol{A}^*=$ __________。

2. 已知向量组 $\boldsymbol{\alpha}_1=(1,2,3)^{\mathrm{T}}$,$\boldsymbol{\alpha}_2=(2,-1,1)^{\mathrm{T}}$,$\boldsymbol{\alpha}_3=(3,1,a)^{\mathrm{T}}$ 线性相关,则 $a=$ ________。

3. 设 $\boldsymbol{A}$ 是 3 阶方阵,且 $|\boldsymbol{A}|=2$,则 $|2\boldsymbol{A}^{-1}|=$ ________。

4. 若 n 阶方阵 $\boldsymbol{A}$ 满足 $\boldsymbol{A}^2-3\boldsymbol{A}+2\boldsymbol{E}=\boldsymbol{0}$,则 $\boldsymbol{A}$ 的特征值可能是________。

5. 已知 3 阶方阵 $\boldsymbol{A}$ 的特征值是 $1,-1,2$,则矩阵 $\boldsymbol{B}=\boldsymbol{A}^2-3\boldsymbol{A}+2\boldsymbol{E}$ 的特征值为________。

6. 若矩阵 $\boldsymbol{A}=\begin{pmatrix}1&1&1\\1&2&a\\1&4&a^2\end{pmatrix}$ 的秩 $R(\boldsymbol{A})=2$, 则 $a=$ ________。

7. 设 $\boldsymbol{A}$ 是 4×3 矩阵,且 $\boldsymbol{A}$ 的列向量组线性无关, $\boldsymbol{B}=\begin{pmatrix}1&1&2\\2&2&4\\3&3&6\end{pmatrix}$,则 $R(\boldsymbol{AB})=$ ________。

8. 已知矩阵 $\boldsymbol{A}=\begin{pmatrix}1&0&0\\0&2&0\\0&0&3\end{pmatrix}$,$\boldsymbol{B}=\begin{pmatrix}1&1&1\\1&1&1\\1&1&1\end{pmatrix}$,则 $\boldsymbol{AB}-\boldsymbol{BA}=$ ______。

9. 设 A 是 5×5 矩阵，$|A|=3$，则 $|-2A|=$ ________。

10. 设 A 为 n 阶可逆矩阵，λ 是 A 的一个特征值，则 A^{-1} 的一个特征值为________。

三、综合题

1. 设矩阵 $A=\begin{pmatrix}1&-1&1\\2&4&-2\\-3&-3&5\end{pmatrix}$，$B=\begin{pmatrix}2&0&0\\0&2&0\\0&0&2\end{pmatrix}$，求矩阵 A 的特征值和特征向量，并判断 A 与 B 是否相似。

2. 已知向量组 $\alpha_1=(1,1,1,3)^{\mathrm{T}}$，$\alpha_2=(-1,-3,5,1)^{\mathrm{T}}$，$\alpha_3=(3,2,-1,p+2)^{\mathrm{T}}$，$\alpha_4=(-2,-6,10,p)^{\mathrm{T}}$，求 p 为何值时，向量组 α_1，α_2，α_3，α_4 线性相关，并求其一个极大无关组，将其余向量用该极大无关组线性表示。

3. 设 A 为 3 阶实对称矩阵，且满足 $A^2+2A=\mathbf{0}$，已知 $R(A)=2$，求 A 的全部特征值。

4. 已知线性方程组 $\begin{cases}x_1+x_2+x_3+x_4=1\\x_1+2x_2+3x_3+4x_4=a\\x_1+3x_2+5x_3+7x_4=b\end{cases}$，当 a，b 取何值时，方程组有解。

5. 已知矩阵 $A=\begin{pmatrix}1&2&3\\2&1&2\\3&2&1\end{pmatrix}$，求 A^{-1}。

6. 设矩阵 $A=\begin{pmatrix}2&0&0\\0&3&1\\0&1&3\end{pmatrix}$，求可逆矩阵 P，使得 $P^{-1}AP$ 为对角矩阵。

7. 设矩阵 $A=\begin{pmatrix}1&2&3\\0&1&4\\0&0&1\end{pmatrix}$，求 A^n（n 为正整数）。

8. 设矩阵 $A=\begin{pmatrix}0&0&1\\x&1&y\\1&0&0\end{pmatrix}$ 有三个线性无关的特征向量，求 x，y 应满足的条件。

9. 已知矩阵 $A=\begin{pmatrix}1&-1&2&1\\2&-2&4&2\\3&-3&6&3\end{pmatrix}$，$B=\begin{pmatrix}1&1&a\\2&a&0\\a&0&1\end{pmatrix}$，$R(AB)=1$，求 a 的值。

10. 求解齐次线性方程组 $\begin{cases}x_1+x_2-x_3+3x_4=0\\2x_1+4x_2+x_3+x_4=0\\3x_1+6x_2-2x_3+8x_4=0\end{cases}$。

习 题 答 案

第 一 章

一、1. A;2. B;3. A;4. A。

二、1. 0;2. $k \neq 2$;3 .12。

三、1. (1)1.14;(2)0;(3) −2;(4)108。

2. $x=3$。

3. 解:按行展开得 $D=a_1a_2a_3a_4$。

4. 解:根据定义按第一行展开,得行列式值为 1。

5. 解:首先将第二行减去第一行的 2 倍,第三行减去第一行的 3 倍,得到

$$\begin{vmatrix} 1 & 2 & 3 \\ 2-1\times2 & 3-2\times2 & 1-3\times2 \\ 3-1\times3 & 1-2\times3 & 2-3\times3 \end{vmatrix} = \begin{vmatrix} 1 & 2 & 3 \\ 0 & -1 & -5 \\ 0 & -5 & -7 \end{vmatrix},$$

然后将第三行减去第二行的 5 倍,得到

$$\begin{vmatrix} 1 & 2 & 3 \\ 0 & -1 & -5 \\ 0-0\times5 & -5-(-1)\times5 & -7-(-5)\times5 \end{vmatrix} = \begin{vmatrix} 1 & 2 & 3 \\ 0 & -1 & -5 \\ 0 & 0 & 18 \end{vmatrix},$$

所以行列式的值为 −18。

6. 720。

7. 解:$D=\begin{vmatrix} 2 & 1 & -1 \\ 1 & -1 & 1 \\ 3 & 2 & -1 \end{vmatrix}=-3, D_1=\begin{vmatrix} 1 & 1 & -1 \\ 2 & -1 & 1 \\ 3 & 2 & -1 \end{vmatrix}=-3, D_2=\begin{vmatrix} 2 & 1 & -1 \\ 1 & 2 & 1 \\ 3 & 3 & -1 \end{vmatrix}=-3$

$D_3=\begin{vmatrix} 2 & 1 & 1 \\ 1 & -1 & 2 \\ 3 & 2 & 3 \end{vmatrix}=-6$。根据克拉默法则 $x=\dfrac{D_1}{D}=1, y=\dfrac{D_2}{D}=1, z=\dfrac{D_3}{D}=2$。

8. 解:计算系数行列式 $D=\begin{vmatrix} k-1 & 1 & 1 \\ 1 & k-1 & 1 \\ 1 & 1 & k-1 \end{vmatrix}=(k+1)\begin{vmatrix} 1 & 1 & 1 \\ 0 & k-2 & 0 \\ 0 & 0 & k-2 \end{vmatrix}=$

$(k+1)(k-2)^2$,令 $D=0$,解得 $k=-1$ 或 $k=2$。

9. 根据克拉默法则解得方程的解为$\begin{cases} x_1 = 2 \\ x_2 = -1 \\ x_3 = 3 \end{cases}$。

第二章

一、1. C;2. B;3. B;4. B。

二、1. $\boldsymbol{AB}$;2. $\begin{pmatrix} 2 & -1 \\ -1 & 1 \end{pmatrix}$;3. $\begin{pmatrix} 4 & 3 & 11 \\ 1 & 2 & 4 \\ 2 & -1 & 3 \end{pmatrix}$。

三、1. 解:$x=1, y=6, z=2, w=4$。

2. 矩阵 $\boldsymbol{P}$ 中除主对角线元素外还有其他非零元素,所以不是对角矩阵。

3. 解:$\boldsymbol{AB} = \begin{pmatrix} 0 & 0 \\ 0 & 0 \end{pmatrix}$,$\boldsymbol{BA} = \begin{pmatrix} 2 & 2 \\ -2 & -2 \end{pmatrix}$。

4. 解:$\boldsymbol{A}+\boldsymbol{B} = \begin{pmatrix} a+e & b+f \\ c+g & d+h \end{pmatrix}$,所以$(\boldsymbol{A}+\boldsymbol{B})^{\mathrm{T}} = \begin{pmatrix} a+e & c+g \\ b+f & d+h \end{pmatrix}$。

5. 解:$\boldsymbol{A} = \begin{pmatrix} a & b & c \\ b & c & a \\ c & a & b \end{pmatrix} = \begin{pmatrix} a+b+c & b & c \\ a+b+c & c & a \\ a+b+c & a & b \end{pmatrix}$,因为 $a+b+c=0$,所以第一列元素均为 0,所以 $|\boldsymbol{A}|=0$。

6. 解:$|\boldsymbol{A}| = 1 \neq 0$,所以矩阵可逆,且 $\boldsymbol{A}^* = \begin{pmatrix} 1 & -2 & 5 \\ 0 & 1 & -4 \\ 0 & 0 & 1 \end{pmatrix}$,得 $\boldsymbol{A}^{-1} = \frac{1}{|\boldsymbol{A}|}\boldsymbol{A}^* = \begin{pmatrix} 1 & -2 & 5 \\ 0 & 1 & -4 \\ 0 & 0 & 1 \end{pmatrix}$。

7. $(\boldsymbol{AB})^{-1} = \boldsymbol{B}^{-1}\boldsymbol{A}^{-1} = \begin{pmatrix} 5 & 6 \\ 7 & 8 \end{pmatrix}\begin{pmatrix} 1 & 2 \\ 3 & 4 \end{pmatrix} = \begin{pmatrix} 23 & 34 \\ 31 & 46 \end{pmatrix}$。

8. 解:对矩阵 $\boldsymbol{A}$ 进行初等行变换得 $\begin{pmatrix} 1 & 2 & 3 \\ 0 & 0 & t-6 \\ 0 & 0 & 0 \end{pmatrix}$,因为矩阵 $\boldsymbol{A}$ 的秩为 2,所以 $t-6=0$,即 $t=6$。

9. 解:增广矩阵 $\boldsymbol{M} = \begin{pmatrix} 1 & -1 & 1 & 1 \\ 2 & 1 & -1 & 2 \\ -1 & 2 & -1 & -1 \end{pmatrix}$,对增广矩阵进行初等行变换,得 $\boldsymbol{M} =$

$\begin{pmatrix}1&-1&1&1\\0&1&0&0\\0&0&-3&0\end{pmatrix}$,因此原方程组的解为 $x=\begin{pmatrix}1\\0\\0\end{pmatrix}$。

10. 解:增广矩阵 $\boldsymbol{M}=\begin{pmatrix}1&-2&3&-1&1\\2&1&-2&3&2\\3&-1&1&2&3\end{pmatrix}$,对增广矩阵进行初等行变换,得 $\boldsymbol{M}=$ $\begin{pmatrix}1&-2&3&-1&1\\0&5&-8&5&0\\0&0&0&0&0\end{pmatrix}$,令 $x_3=s$、$x_4=t$,则 $x_2=\frac{8}{5}s-t$、$x_1=\frac{1}{5}s-t+1$,所以方程组的解为 $\begin{pmatrix}x_1\\x_2\\x_3\\x_4\end{pmatrix}=\begin{pmatrix}1\\0\\0\\0\end{pmatrix}+s\begin{pmatrix}\frac{1}{5}\\\frac{8}{5}\\1\\0\end{pmatrix}+t\begin{pmatrix}-1\\-1\\0\\1\end{pmatrix}(s,t\in\mathbf{R})$。

11. 解:系数矩阵为 $\begin{pmatrix}2&-1&3&-1\\1&3&-2&2\\3&2&1&3\end{pmatrix}$,对系数矩阵进行初等变换得 $\begin{pmatrix}1&0&1&0\\0&1&-1&0\\0&0&0&1\end{pmatrix}$,令 $x_3=t$,则 $x_1=-t$、$x_2=t$、$x_4=0$,即最终的解 $\begin{pmatrix}x_1\\x_2\\x_3\\x_4\end{pmatrix}=t\begin{pmatrix}-1\\1\\1\\0\end{pmatrix}$($t$ 为任意常数)。

第 三 章

一、1. A;2. C;3. B;4. B。

二、1. 2;2. 2;3. 1。

三、1. 解:设 $\boldsymbol{\alpha}_1x_1+\boldsymbol{\alpha}_2x_2+\boldsymbol{\alpha}_3x_3=\boldsymbol{\beta}$,对增广矩阵进行初等行变换

$$\tilde{\boldsymbol{A}}=(\boldsymbol{\alpha}_1,\boldsymbol{\alpha}_2,\boldsymbol{\alpha}_3,\boldsymbol{\beta})=\begin{pmatrix}1&1&1&3\\1&2&3&5\\1&3&5&7\end{pmatrix}\xrightarrow[r_3-2r_2]{r_2-r_1,r_3-r_1}\begin{pmatrix}1&1&1&3\\0&1&2&2\\0&0&0&0\end{pmatrix}$$,用待定系数法

$\begin{cases}x_1+x_2+x_3=3\\x_2+2x_3=2\end{cases}$。当 $x_3=0$ 时,$x_1=1$、$x_2=2$,所以 $\boldsymbol{\beta}=\boldsymbol{\alpha}_1+2\boldsymbol{\alpha}_2$ 为其一种解。

2. 解:构造矩阵 $\boldsymbol{A}=(\boldsymbol{\alpha}_1,\boldsymbol{\alpha}_2,\boldsymbol{\alpha}_3,\boldsymbol{\alpha}_4)=\begin{pmatrix}1&0&3&1\\-1&3&0&-1\\2&1&7&2\\4&2&14&0\end{pmatrix}$,对其进行初等行变换得

$\boldsymbol{A}=\begin{pmatrix}1&0&3&0\\0&1&1&0\\0&0&0&0\\0&0&0&1\end{pmatrix}$,即 $r(\boldsymbol{A})=3<4$。所以向量组 $\boldsymbol{\alpha}_1,\boldsymbol{\alpha}_2,\boldsymbol{\alpha}_3,\boldsymbol{\alpha}_4$ 线性相关。由行最简矩阵可知:$\boldsymbol{\alpha}_1$、$\boldsymbol{\alpha}_2$、$\boldsymbol{\alpha}_4$ 是向量组的一个极大线性无关组。

3. 解:(1)$\boldsymbol{\xi}=(-7,1,2)^{\mathrm{T}}$,通解:$k\boldsymbol{\xi}(k\in\mathbf{R})$。

(2)$\boldsymbol{\xi}=(-2,1,0,0)^{\mathrm{T}}$,通解:$k\boldsymbol{\xi}(k\in\mathbf{R})$。

(3)$\boldsymbol{\xi}_1=(-3,7,2,0)^{\mathrm{T}}$,$\boldsymbol{\xi}_2=(-1,-2,0,1)^{\mathrm{T}}$,通解:$k_1\boldsymbol{\xi}_1+k_2\boldsymbol{\xi}_2(k_1,k_2\in\mathbf{R})$。

(4)$\boldsymbol{\xi}=(-2,1,1,0)^{\mathrm{T}}$,通解:$k\boldsymbol{\xi}(k\in\mathbf{R})$。

4. 解:(1)$\boldsymbol{\eta}=\left(\frac{5}{3},-\frac{2}{3},0\right)^{\mathrm{T}}$,$\boldsymbol{\xi}=(-4,-2,3)^{\mathrm{T}}$,通解:$\boldsymbol{\eta}+k\boldsymbol{\xi}(k\in\mathbf{R})$。

(2)$\boldsymbol{\eta}=\left(\frac{1}{2},0,0,0\right)^{\mathrm{T}}$,$\boldsymbol{\xi}_1=(-1,2,0,0)^{\mathrm{T}}$,$\boldsymbol{\xi}_2=(1,0,2,0)^{\mathrm{T}}$

通解:$\boldsymbol{\eta}+k_1\xi_1+k_2\xi_2(k_1,k_2\in\mathbf{R})$。

(3)无解。

(4)$\boldsymbol{\eta}=\left(-\frac{7}{6},\frac{17}{6},-\frac{7}{6},0\right)^{\mathrm{T}}$,$\boldsymbol{\xi}=\left(\frac{5}{6},-\frac{7}{6},\frac{5}{6},1\right)^{\mathrm{T}}$,通解:$\boldsymbol{\eta}+k\boldsymbol{\xi}(k\in\mathbf{R})$。

第　四　章

一、1. A;2. C;3. D;4. C;5. B;6. D

二、1. $n,0,\cdots 0$。

2. $2,2,\frac{4}{5}$。

3. -2。

4. -1。

5. $x+y=0$。

三、1. 解:计算 $|\lambda\boldsymbol{I}-\boldsymbol{A}|=\begin{vmatrix}\lambda-1&1&-1\\-2&\lambda-3&2\\3&3&\lambda-5\end{vmatrix}=(\lambda-2)^2(\lambda-6)$,即特征值为 $\lambda_1=\lambda_2=2$、$\lambda_3=6$。当 $\lambda_1=\lambda_2=2$ 时,将 $\lambda=2$ 代入 $(\lambda\boldsymbol{I}-\boldsymbol{A})\boldsymbol{X}=0$,解得特征向量为 $\boldsymbol{\xi}_1=k_1\begin{pmatrix}-1\\1\\0\end{pmatrix}+k_2\begin{pmatrix}1\\0\\1\end{pmatrix}$($k_1,k_2$ 不同时为 0)。当 $\lambda_3=6$ 时,解得特征向量 $\boldsymbol{\xi}_3=k_3\begin{pmatrix}\frac{1}{3}\\-\frac{2}{3}\\1\end{pmatrix}$ $(k_3\neq 0)$。

2. 证明　已知 $\boldsymbol{A}\boldsymbol{\alpha}=\lambda\boldsymbol{\alpha}$,则

$A(B\alpha)=(AB)\alpha=(BA)\alpha=B(A\alpha)=B(\lambda\alpha)=\lambda(B\alpha)$,所以$B\alpha$是$A$属于特征值的特征向量。

3. 矩阵的特征多项式$|\lambda I-A|=\begin{vmatrix}\lambda-3 & -1 & 0\\ 4 & \lambda+1 & 0\\ -4 & 8 & \lambda+2\end{vmatrix}=(\lambda+2)(\lambda-1)^2$,即特征值为$\lambda_1=\lambda_2=1$、$\lambda_3=-2$,所以矩阵可逆。

4. (1)因为A与B相似,所以有共同的特征值。A的特征多项式为$|\lambda I-A|=(\lambda-2)(\lambda^2-x\lambda-1)$,$B$的特征值为2、$y$、$-1$。所以$y=1$,$x=0$。

(2)当$\lambda=2$时,解方程组$(2I-A)X=0$,得特征向量$\xi_1=\begin{pmatrix}1\\0\\0\end{pmatrix}$;

当$\lambda=1$时,得特征向量$\xi_2=\begin{pmatrix}0\\1\\1\end{pmatrix}$;当$\lambda=-1$时,得特征向量$\xi_3=\begin{pmatrix}0\\1\\-1\end{pmatrix}$。所以

$$P=\begin{pmatrix}1 & 0 & 0\\ 0 & 1 & 1\\ 0 & 1 & -1\end{pmatrix}。$$

第 五 章

1. 输入:A=[1,2,3;4,5,6;7,8,9];R=rank(A)

输出结果:R=2。

2. 略。

3. 输入:A=[2,1,-2,3;3,2,-1,2;1,1,1,-1];b=[0;0;0];rref([A,b])

输出结果:

```
ans =
    1   0   -3   4   0
    0   1    4  -5   0
    0   0    0   0   0
```

4. 输入:A=[1,2,4;2,1,1;1,4,7];b=[16;24;30];rref([A,b])

输出结果:

```
ans =
    1.0000        0        0     7.2000
         0   1.0000        0    14.8000
         0        0   1.0000    -5.2000
```

5. 略。

6. 略。

总复习题答案

一、1. A;2. A;3. B;4. B;5. A;6. B;7. A;8. C;9. C;10. C。

二、1. $\begin{pmatrix} 4 & -2 \\ -3 & 1 \end{pmatrix}$;2. 4;3. 4;4. 1 或 2;5. 0,6;6. 1 或 2;7. 1;

8. $\begin{pmatrix} 0 & -1 & -2 \\ 1 & 0 & -1 \\ 2 & 1 & 0 \end{pmatrix}$;9. -96;10. $\frac{1}{\lambda}$。

三、1. 解:$|\lambda \boldsymbol{E}-\boldsymbol{A}|=(\lambda-2)^2(\lambda-6)$,所以 $\boldsymbol{A}$ 的特征值为 $\lambda_1=\lambda_2=2$、$\lambda_3=6$。当 $\lambda_1=\lambda_2=2$ 时,特征向量 $\boldsymbol{\xi}_1=k_1\begin{pmatrix} -1 \\ 1 \\ 0 \end{pmatrix}+k_2\begin{pmatrix} 1 \\ 0 \\ 1 \end{pmatrix}$($k_1,k_2$ 不全为 0);$\lambda_3=6$ 时,特征向量

$\boldsymbol{\xi}_2=k\begin{pmatrix} -1 \\ -2 \\ 3 \end{pmatrix}$($k\neq 0$)。$\boldsymbol{A}$ 与 $\boldsymbol{B}$ 不相似。

2. 解:$p=2$ 时,向量组 $\boldsymbol{\alpha}_1,\boldsymbol{\alpha}_2,\boldsymbol{\alpha}_3,\boldsymbol{\alpha}_4$ 线性相关;$\boldsymbol{\alpha}_1,\boldsymbol{\alpha}_2,\boldsymbol{\alpha}_3$ 是一个极大线性无关组,$\boldsymbol{\alpha}_4=2\boldsymbol{\alpha}_2$。

3. 解:-2 和 0。

4. 解:$b=2a-1$ 时方程组有解。

5. 解:$\boldsymbol{A}^{-1}=\begin{pmatrix} -\frac{3}{8} & \frac{1}{2} & \frac{1}{8} \\ \frac{1}{2} & -1 & \frac{1}{2} \\ \frac{1}{8} & \frac{1}{2} & -\frac{3}{8} \end{pmatrix}$。

6. 解:$\boldsymbol{P}=\begin{pmatrix} 1 & 0 & 0 \\ 0 & 1 & 1 \\ 0 & -1 & 1 \end{pmatrix}$。

7. 解:$\boldsymbol{A}^n=\begin{pmatrix} 1 & 2n & 4n^2-n \\ 0 & 1 & 4n \\ 0 & 0 & 1 \end{pmatrix}$。

8. 解：$x+y=0$。

9. 解：$a=0$。

10. 解：通解为$\begin{pmatrix} x_1 \\ x_2 \\ x_3 \\ x_4 \end{pmatrix}=k\begin{pmatrix} -6 \\ -2 \\ 13 \\ 7 \end{pmatrix}(k\in \mathbf{R})$。

参 考 文 献

[1] 同济大学数学科学学院. 工程数学:线性代数[M]. 7 版. 北京:高等教育出版社,2023.

[2] 同济大学数学科学学院. 线性代数附册:学习辅导与习题全解[M]. 7 版. 北京:高等教育出版社,2023.

[3] 黄建国,等. 线性代数与数理统计[M]. 北京:高等教育出版社,2024.

[4] 王佳新. 线性代数与概率统计[M]. 北京:机械工业出版社,2023.

[5] 伍超林. 线性代数与概率统计[M]. 2 版. 北京:中国人民大学出版社,2019.